U0335163

这么美 原来野花

叶子——著

東方出版社

原来野花这么美

中文简体字版 © 2018 由东方出版社发行

本书经台湾城邦文化事业股份有限公司麦浩斯出版事业部授权，同意经由东方出版社，独家出版中文简体字版本。

作者序

这本书迟到了两年多，更早之前，在 2012 年，便已与总编辑论及此书的方向，恰巧因为自己本身对于植物的认识有了瓶颈，认为再经历一段时间磨炼之后才能朝着更精进的方向前进，于是决定让此书暂时维持于酝酿状态。

也许是经过这种酝酿的过程，本书才得以更完美地付梓，这也要感谢麦浩斯出版社重视本土自然生态的推广及对大自然的关心，居功者首推社内优秀编辑团队，她们甘愿付出精力与毅力，努力催促成书，她们才是本书的幕后推手及画龙点睛的关键。

记得十年前我刚走进植物世界时，为了认识更多的植物，举凡花市、公园、菜园都成了我认识植物的好地方。一方面我也尝试栽种各种花草，但种植过程总是令人心碎，植物不是被淹死就是不知原因地枯死，这对喜欢植物的我来说，犹如噩梦一场。

也因为这种不舍的心情一直存在，"种植植物"这门学问，很自然地与我产生了隔阂。有人说："上帝关上一扇门，必定会为你打开另一扇窗"，对我而言，这扇窗确确实实打开了！在台湾的婆娑之洋、苍翠之岛上，处处给我留下难忘的印象。从观赏植物到野地里的花朵，无论何时、何地，我都想要用另一种方式（摄影）留下美丽，保留住心爱植物四季的风华。

我并非科班出身，不曾学过基础的植物分类学，甚至连园艺系、森林系、生命科学系等相关科系我都摸不着边，我也没有别人的聪颖天资。认识植物，起初只是为了一种"证明"，努力去相信自己，永远保持着执着与坚持。

认识千百种野花其实并不难，虽然我从不认为能认识很多植物也算是一种"成功"，但我相信做任何事情，不管遇到多困难的挑战，只要努力就可以做到。

野地里的花有一种"野性之美"，它们可能生存在你家附近、道路旁、溪流、郊区，甚至深山野地，这些野花虽然没有温室里的花朵那般娇艳贵气，但每每见及，总会让人有种怦然心动的感觉。

野花们就像一群放荡不羁的小孩，不受任何约束，哪怕风吹、日晒、雨淋，也总能悠然自得。

《原来野花这么美》，从低、中、高海拔到滨海地区，从热闹的居家环境四周到深山野岭，带领读者去认识、欣赏野花之美。请静下心来跟我一起，去欣赏台湾四季不同的野花吧。

Volume 01 ——全年

生命力强盛的路边小花

白花鬼针草

植物小档案

中文名：白花鬼针草
别名：同治草、大白花鬼针、大花婆婆针、大
花鬼针草、恰查某、虾公夹、黏人草（台湾地区）
学名：*Bidens pilosa* L. var. *radiata* Sch.
英名：Common beggar's-tick、Hairy beggar's-
tick、Romerillo、Shepherd's needles、Spanish
needles
科名：Compositae(Asteraceae) 菊科
花期：全年
果期：全年
原产地：太平洋诸岛

恰查某[1] 的温柔

　　请神容易送神难，有着恰查某个性的白花鬼针草，其实也有温柔的
一面，既然无法送走，蜂农也就利用它丰富的蜜源来生产蜂蜜。过去民
间在闷热的夏季里用其叶晒干后熬煮成青草茶，具有清凉去火、疏表、
解毒、利尿、散瘀之功效，坊间相传可治肝病、糖尿病等。蔬菜变贵了，
它也可以作为野菜食用，未开花的植株纤维较细，口感最佳。近年来有
人采摘来作为兔子、陆龟等宠物的草料，但其开花后纤维较粗，宠物取
食意愿会降低。此外，它更是三星双尾燕蝶的蜜源植物呢！

---

①　闽南语，指比较凶悍的女人。

拍摄地点：台南三爷溪、台中市新社区、宜兰县头城镇竹安桥
常见地点：在台湾见于全岛各地低海拔区

六月，走在乡村小径上，稻穗下垂，正是金黄饱满之时，微风轻拂，掀起阵阵金黄稻浪，金色的音符在绿色田野中响起，不时还有麻雀在田野中合唱；稻田田埂旁的白花鬼针草，仿佛宣示主权般围成一圈，这平凡中的景致，却也同时出现了不平凡的美丽。瞧，你遇见了什么，"粉红色"的白花鬼针草耶！只要这一丁点的不平凡，就足以让人雀跃不已。

机缘巧合，蜂农李锦州在澳大利亚养蜂大会上认识了"大花咸丰草"，这种植物一年四季可产出足够蜜源，于是他于 1976 年将种子带回并播种于芦洲的田地，经过照料后，发现其生长良好、蜜源足、蜜质佳，且终年开花，几乎是最完美的蜜源植物；为了生产更多蜜源，于是在高速公路两旁沿途播撒。

而后的 1984 年，白花鬼针草生长于台湾的消息首次见诸报端，而现在台湾各地低海拔地区的荒废地几乎都有它的踪影，并已逐渐向中海拔山区扩张。鬼针草属（*Bidens*）由希腊文前缀 bi（意"二"）和 dens（意"齿"）构成，意指其瘦果顶端有二刺状冠毛，状如二齿。白花鬼针草与咸丰草的变种，经常被混淆，其实它们的花是最易辨识的特征，前者为白色舌状花。

鬼针草全年均开花，成熟的草籽细长而黑，外表干硬，上部长着两根由花萼变化而来的钩状物，这样的结构是果实，称为瘦果。鬼针草在全世界已被列为危害最高的入侵植物之一，在其看似熟悉、平凡、无害的外表下，潜藏着强势的入侵能力。鬼针草正悄悄地改变我们的生态环境。

[拍照的最佳配角]
道路旁、海岸边、休耕田、荒废地甚至水泥墙上，不经意间便会瞥见一丛看起来像雏菊，却
又不是雏菊的野草。天空湛蓝，整片白花随风摇曳，还真让人有置身婚礼现场般的梦幻感。

A[恶作剧专用，让人恨得牙痒痒]
花谢了以后，剩下裸露的刺球，便是小孩子喜欢拿来捉弄人的玩具：抓起一把当"飞镖"扔
出去，再假装若无其事地走开。很多人看过、玩过，却很难叫出它的名字。

B[家族中的特异分子]
中央管状花为黄色，舌状花 4 ~ 8 枚，倒卵状至长瓣状都有，大部所见舌状花均为白色，
少有其他颜色的品种。

C[花粉和花蜜多，是蜜蜂的最爱]
颀长的粉红花冠像一条迎宾地毯，提供舒适的"停机坪"和丰盛的花蜜，少有蜜蜂能抗
拒诱惑。

D[随人类的活动而繁衍]
草籽细长而黑，约长 1 厘米，干硬的外皮有数条纵向的脊状凸起，上部长着两根由花萼变化
而来的钩状物，这就是它借以附着于动物身上的利器。当人从旁经过，裤腿上密密麻麻粘满
草籽，种子传播的目的就达到了。

忍冬

植物小档案

中文名：忍冬
别名：四时春、忍冬藤、新店忍冬、毛金
银花、茶叶花、金银花、金银藤、双苞花、
鸳鸯藤
学名：*Lonicera Japonica* Thunb.
英名：Downy Japanse honetsuckle
科名：Caprifoliaceae 忍冬科
花期：全年
果期：秋季
原产地：中国大陆、台湾地区、日本

马祖人的夏日凉茶

　　忍冬适应性强，可作为垂直绿化材料。花苞晒干后可泡茶，具有清热解毒、通经活血、护肤美容等功效。离岛马祖出产金银花，早期马祖地区物质匮乏，居民在炎热的夏季，每家每户都会摘取忍冬，将其晒干后加水煮成金银花茶，作为各家各户必备的夏日凉饮。然而，是药三分毒，金银花毕竟是一味中药，虽然没有西药那么大的副作用，但长期服用也会对身体造成伤害。

拍摄地点：新北市八里区挖子尾自然保护区
常见地点：在台湾地区分布于全岛各地低海拔及平地

[蓝色天空下更加耀眼]
白花、黄花、绿叶、蓝天，交织成一幅天然画布。

放荡不羁的野小孩

或许因为常作为栽培植物，忍冬总是隐身在水泥城市中，少了一股狂野奔放之气。无论你拿着相机怎么变换镜头，也避不开那生硬的建筑或围篱，于是，很多时候你宁愿选择"放弃"，并期待下一次际遇。野地里的忍冬就不一样，看起来放荡不羁、不受约束，多了点任性，白花、黄花、绿叶、蓝天，交织成一张天然画布，在阳光的沐浴下更显得朝气蓬勃，充满了生命活力。

冬天不枯萎，因此得名忍冬

忍冬的学名 *Lonicera Japonica* 是为了纪念德国医生，植物学家 Adam Lonitezr（1528-1586 年）。全世界忍冬属约有 180 种，在中国台湾主要分布于低海拔山区，攀爬生长于林地边缘或山路旁灌木丛间，小枝密生柔毛，叶对生，花冠唇形，上唇 4 裂，花成对腋生，花期长，开花时散发出淡淡清香。

忍冬又名金银花，自古以来，金银花被视为有奇特功效的中药材。清朝野史《御香缥缈录》提到慈禧太后用金银花洗脸、保养肌肤的生活琐事时，描述太后就寝前，会把脸上的鸡子清（蛋白）用肥皂和清水洗去，接着涂上一种液汁，使紧绷的肌肤瞬时松弛，但皱纹又不会扩大，这就是金银花液汁的功效。另外，传说清朝乾隆皇帝御用的宫廷秘方延寿丹就是以金银花为主要成分，足可见其重要性。

[随处可见的忍冬]
忍冬为蔓性藤本，植株呈攀缘状，就像放荡不羁的野孩子。

A[叶表深绿、叶背白绿，十分好认]
小枝密生柔毛，叶对生，叶面呈深绿色，叶背白绿色，被茸毛。
B[花色会由白转黄]
忍冬花初开为白色，后转为黄色，即完成授粉后花谢之过程。
C[阵阵清香，常入药]
忍冬花夜间会散发出清香，适合栽植成棚架用于遮荫。
D[金银花茶功效多多]
泡茶以鲜采晒干的花苞为主，具有清热解毒、消炎的功效。

鲜艳无比的水上游龙

台湾水龙

植物小档案

中文名：台湾水龙
别名：水江龙、台湾水龙、过江藤
学名：*Ludwigia × taiwanensis* C. I. Peng
科名：Onagraceae 柳叶菜科
花期：全年
原产地：中国南部、台湾地区、澎湖与金门
列岛、越南

家族之中也有高级野菜

　　水丁香是乡野间闲田、荒废湿地里常见的植物，其家族包括细叶水丁香、小花水丁香等。就外观来说它们都有 4 ~ 5 枚整齐的黄色花瓣，乍看很容易让人误以为是长高的台湾水龙。台湾水龙多是为净化水质而栽培的，相比常被农民视为野草的水丁香，可就成了高级野菜。嫩叶洗净后，再以沸水余烫拌炒食用，亦可加入蛋花汤或肉丝汤中增加风味，除此之外，有些农民还会将其腌渍成泡菜食用，听说口感还不错呢！

拍摄地点：南投埔里

常见地点：在台湾分布于低海拔地区，常见于沟渠、溪流、池塘、茭白田及稻田。

[深黄浅黄交错，鲜艳无比]
台湾水龙花色金黄，花底部呈深黄，花脉上的纹路清晰可见，而浅黄色的雄蕊围绕着花柱，更有层次感。

茭白笋田中的奇遇

山城埔里是美人腿（茭白）的故乡。农民希望作物的长短大小能够均匀，卖得好价钱，夜间也会采用人工光照。一到夜里，每亩田地里被光照得黄澄澄一片。对于福寿螺来说，白胖胖的茭白笋苗最为鲜嫩可口，所以福寿螺早已双双对对进入笋田里大肆产卵繁殖。阳光照耀下茭白笋田显得青翠欲滴，水漫过脚踝，几只福寿螺恰巧被踩在脚下，青萍从脚边滑过，一旁还有"水龙"穿过绿藻，不远处满江红变了色，季节的变化自在其中。

天然杂交的漂亮宝贝

柳叶菜科共有 15 个属，约 650 种，分布于热带地区，尤其是北美西部。中国台湾共有 4 个属，约 30 种，其中包括 1 个天然杂交种。丁香蓼属的属名 *Ludwigia* 是为纪念德国莱比锡大学医学教授 Christian Gottlieb Ludwig（1709–1773 年）而以其姓氏命名的。台湾共有 12 种丁香葵属植物。

事实上，台湾水龙（开黄花）实为二倍体的黄花水龙 *L. peploides* (Kunth) Raven subsp. *stipulacea* (Ohwi Raven) 与四倍体的水龙（开白花）自然杂交生成的三倍体天然杂交种。

然而，黄花水龙并未分布于台湾本岛，台湾水龙更可能源于外来传入，如台风、候鸟或人为携入（水龙亦常见于水田，种子易与水稻种子混淆）。台湾水龙也并不局限于台湾本岛，除了澎湖、金门皆有记录外，大陆南部各省包括湖南、江西、四川及浙江等地皆有分布。

[在水面生长，因此得名]

台湾水龙是多年生浮水草本植物，植株蔓生，具匍匐茎或浮生茎，长可达 5 ～ 6 米，光滑的茎节具发根性，节间簇生白色的浮水气囊，而浮水气囊即是变态根（呼吸根、气生根），除辅助呼吸外，有助于增加浮力，以方便植株匍匐在水面上生长。植株形态如龙，因此有了"水龙"之称。

A[叶片形状容易辨识]

单叶互生，长椭圆形或倒卵形，光滑，先端圆或钝，全缘，长 3 ~ 7 厘米，宽 2 ~ 3 厘米，具柄，叶托大。

B[金黄色花瓣五枚]

单花腋生，萼片 5 枚，呈狭三角披针形，早落，无毛或具微粗毛，花瓣 5 枚，金黄色，雄蕊 10 枚，柱头 5 裂。

C[无果实，以营养方式繁殖]

台湾水龙为自然杂交种，无法进行有性生殖，所以不结果，而是以营养繁殖方式，在水面上形成一大片的族群。

蝶豆

植物小档案

中文名：蝶豆
别名：蝴蝶花豆、蓝蝴蝶、羊豆、豆碧、
兰花豆（台湾地区）
学名：*Clitorla ternatra* L.
英名：Butterfly pea
科名：Fabaceae 豆科
花期：全年
果期：全年
原产地：热带亚洲、爪哇、印度、斯里兰
卡，中国台湾于 1920 年代引进

遍布全岛的花蝴蝶

因为花形状似蝴蝶，所以又有"蝴蝶花豆"之美称。多年生缠绕性草本植物，原产于热带亚洲，中国台湾于 1920 年代作为绿肥植物引进，目前在台湾全岛已成为驯化物种。性喜开阔向阳的环境，常生于草地、灌木丛乃至裸露地面，日照越充足，生长状况越好。因此在野外日照充足的岩壁或灌木丛间，均能发现其踪迹，且一年四季几乎都能见其花枝招展、翩翩起舞的模样。

拍摄地点：台南市安南区
常见地点：在台湾见于中南部低海拔地区

　　蝶豆花色有蓝紫色、淡紫色，亦有开白花的变种白花蝶豆，另有园艺品种重瓣蝶豆。蝶豆属的属名 *Clitoria* 源于拉丁文 Clitoris，本意为"阴核"，意指其蝶形花冠中的龙骨瓣如哺乳类动物的阴核。蝶豆的叶片互生，奇数羽状复叶，由 3 ～ 9 枚椭圆形小叶组成。花朵直径约 4 ～ 5 厘米，虽然每朵只开一天，但是花开花谢，几乎每天都有花可赏。开花后会长出豆荚，豆荚一个月左右成熟，成熟后自动裂开，内含 8 ～ 10 粒种子。

　　蝶豆花姿柔丽优雅，蔓延性不强，适合作盆栽、花坛或道旁美化。除了具有观赏价值外，其用处也毋庸置疑。在缅甸和泰国，当地人用亮丽的花朵蘸面糊炸成天妇罗。而美丽的蓝色，是东南亚各地经常使用的天然色素，色彩缤纷的五色糯米饭中的紫色饭就来自蝶豆，而马来西亚 Pulut tai tai 蓝花糕与 Kuih Nyonya 娘惹糕上，美丽的紫色更是蝶豆的杰作。它也是泰国传统饮料 Nam dok anchan（น้ำดอกอัญชัน）的主角，漂亮的蓝紫色，滴上柠檬汁，就会变成粉红色。蝶豆花的味道自然甘甜，在拉丁美洲及南洋国家的习俗中，还会把蝶豆花茶作为迎宾茶来接待贵宾。

[隐藏在田野里的娇客]
有没有发现哪里不一样呢？仔细找找，真有几只"白色蝴蝶"隐藏在其中。

无意间遇见白色蝴蝶

六月夏、天气晴，路面热气蒸腾，不时晃动着，摇晃的倒影形成海市蜃楼。废弃的鱼塭岸边，巴拉草铺成了一片绿色地毯，芦苇挺出水面随着微风摇曳，成熟的香蒲妈妈正准备送出小孩。几棵大树上停着成群白鹭鸶，但总有些颜色不一样的鸟儿隐藏在其中，夜鹭、苍鹭、黄头鹭、黑冠麻鹭……被惊扰后，展翅群飞起舞，让人分不清究竟谁是谁。小径上，大黍草地里夹杂着许多灌丛、枯木或独立树，形成类似动物王国非洲的疏林景致。当你仔细看这景致时，怎么看都有点不同，原来在这里面隐藏着好多好像是"白色蝴蝶"的蝶豆，那感觉就如同收集到一个隐藏版的玩偶般，令人雀跃不已。

A[令人脸红心跳的命名]
植物学分类之父林奈将蝶豆的属名命名为"阴核"，指的就是中央龙骨瓣凸起的位置，有几分神似，你认为呢?
B[蔓延性不强的草本植物]
多年生草本，叶片互生，奇数羽状复叶，由 3 ~ 9 枚椭圆形小叶所组成。
C[凸显美貌又能尽到保护之责]
蝶形花冠，由五枚离生花瓣构成外形如蝴蝶的形状，两侧对称，花冠能保护生殖器官，又能显示美丽以吸引昆虫。
D[旗瓣中心，有白色斑点]
两侧花瓣较大者为旗瓣，将短小的翼瓣及龙骨瓣包围在中央近萼筒处，旗瓣中心有白色或深黄色斑点。

A[穿蓝色蓬蓬裙的舞者]
园艺品种的重瓣蝶豆像是穿着一袭蓝色蓬蓬裙舞衣，偶尔也可见逸出之植株。
B[最像玫瑰的角度]
开花期间不曾见过有如此的角度，偶尔发挥一下创造力，也能像是一朵清秀的玫瑰花！
C[难得一见的花色变异]
蝶豆色彩鲜艳，形态别致，具有难得一见的花色变异形态，说它是奇花异草一点也不为过。

Volume 02 ——春

秤星树

植物小档案

中文名：秤星树
别名：土甘草、山甘草、岗梅、梅叶冬青、
乌鸡骨、灯秤花、白甘草、灯花树（台湾）
秤杆星、万点金、钉秤花
学名：*Ilex asprella* (Hook.et Arn.) Champ.ex
Benth
英名：Rough-leaved holly
科名：Aquifoliaceae 冬青科
花期：3 月～4 月
果期：4 月～10 月
原产地：中国大陆东部及南部、台湾、吕宋岛

二十四味凉茶原料之一

　　秤星树又称岗梅，具有清热解毒之功效，是夏天凉茶用料之一，俗称山甘草。凉茶在香港和广州民间常被用来治疗轻微不适，其配方多为地方草药，性味辛苦寒凉，又称为广东凉茶。20 世纪 40、50 年代香港医疗制度没有如今这样完善，劳苦大众多以便宜的凉茶作保健饮品或药物，因此成就了凉茶业的全盛时期。凉茶既要针对广泛的不同病症，又要有疗效，所以动辄用上十味乃至二十味草药，有化湿利尿、清热解毒、健胃消滞、散结消肿等功效。市面上二十四味凉茶的配方包含十多味至二十七八味草药不等，其中以岗梅根为主要原料。

拍摄地点：桃园市虎头山

常见地点：在台湾分布于低至中海拔 100～1800 米处，常见于次生林缘野径旁

[野地常可见到雄株、雌株较少]

雌花之柱头呈半透明、浅黄绿色，花瓣数从 3 到 7 枚不等。

心淡一点，快乐自然来

春天这种季节，经常是春雨绵绵，一连几个星期盼不到好天气。望着沉重的云层，别说出门赏花，就连心情也跟着发霉了。等到了好天气，又遇不见想看的花朵，有时不得不承认，这世界也不是那么完美。常想，人呀，之所以不快乐，不是因为得到的太少，而是因为自己要求太高，快乐自然就远离了。很多时候其实只要看淡一点，心放开一点，愿意走更远的路，明白如何去享受那一点点，一切终将会慢慢变好。

台湾野外常见的娇客

秤杆在早年传统市场上磅秤未普及时相当常见，多以栎木制成，亦有以"骨"为之者。"秤星树"小枝光滑，褐色，密布白色皮孔似秤星，故名之。分类上归为冬青科（Aquifoliaceae）冬青属（*Ilex*），属名由冬青栎（*Quercus ilex*）的种加词而来，表示此属植物的叶子和冬青栎很像，种加词 *asprella* 则有"具粗糙鳞片"的意思。台湾仅此 1 属，约有 40 种，以秤星树最为常见。

秤星树在早春寒风中绽放满树的小白花，花儿小巧且大都隐藏在绿叶中。植株大多生长在较高的土堤上，枝条悬空。绿色中错落点点白花，当有阳光穿过时，白色花朵辉映着光芒，展现出特殊的风采。如果在野地里遇见犹如繁星密布的满树白花，就能体会到它的美名究竟从何而来。

秤星树为单性花，雌雄异株，也就是说雄株与雌株是分开的，遇见雄株的概率比雌株多，花朵被公认为迷你型。在一片绿意和似锦繁花里，细数花瓣，数目从 3 枚到 7 枚都有，有趣的是，你会发现雄蕊与花瓣数目相等。

花落后慢慢长出核果，从 4 月到 10 月核果成熟变成黑紫色，到 12 月后气温逐渐转凉，叶子随即开始转黄。翌年的 1 月至 2 月，转黄的叶子会大量凋落，紧接着花芽萌发。在你还没来得及看清萌芽之时，花朵已悄然布满整个枝头。

A

B

A[状似秤杆，因此得名]
落叶灌木，株高可达 3 米，小枝光滑，褐色，形似秤杆，密布皮孔似秤星，故名秤星树。
B[春天换装的"梅叶冬青"]
春天换上新装，翠绿的叶子似梅又似冬青，因而又有"梅叶冬青"的美名。

C[阳光下的耀眼之姿]
盛花期花数极多，在阳光照耀下如万点金星闪烁，是名副其实的"万点金"。
D[雌雄异株，花单生或 2 ~ 3 枚居多]
花单生或 2 ~ 3 枚呈束状腋生的伞形花序，白色，直径仅约 0.5 厘米，雌雄异株。
E[雄花的雄蕊与花瓣互生]
雄花之雄蕊与花瓣同数，雄蕊着生于花瓣基部并与花瓣互生，花朵中央有退化雌蕊。
F[数数看，雄花的花瓣有几枚？]
在众多雄花当中，偶尔会有花瓣数不同的雄花，大部分是 5 枚，有些可多达 7 枚。

最美丽的藤本花卉皇后

屏东铁线莲

植物小档案

中文名：屏东铁线莲
别名：大渡氏女萎、大渡氏牡丹藤、大渡氏铁
线莲、恒春大蓼、长萼女萎、阿猴仙人草
学名：*Clematis akoensis* Hayata
英名：Pingdong Clematis
科名：Ranunculaceae 毛茛科
花期：3 月～4 月
果期：4 月～6 月
原产地：中国台湾

旅途中的小小意外

　　旅途中，车子在山路上弯弯拐拐，周而复始。错杂歧路间，遇见一个岔路，心里想着不如转进去看看，车子就这么摇晃着没有目的地往前行。打开车窗，可以听见海的声音，风景如电影般，在眼前划过。霎时，眼角余光看见如一群白蝶飞舞的花朵，仿佛做了一场美梦，就这么真实地呈现在眼前。盛开的花朵，扰乱了心绪。这种令人怦然心动的美，只能属于"台湾最美的野花"。

拍摄地点：屏东县狮子乡

常见地点：在台湾地区主要分布于恒春半岛，如归田、老佛山、高士佛山、万里得山、
南仁山等海拔 800 米以下地区，多见于林缘向阳处

屏东铁线莲为台湾特有种（Endemic Species of Taiwan），著名的植物学家早田文藏氏于 1911 年在台湾记录物种，以发现地作为种加词，用屏东旧称阿猴"ako"将其命名为"akoensis"。由于原始分布仅见于恒春半岛，故又名"恒春铁线莲"及"阿猴仙人草"。因为在野外分布范围狭窄且花朵美而易被采集，所以被列为"易受害"等级的保护类植物。

属于毛茛科（Ranunculaceae）铁线莲属（Clematis），铁线莲属过去又称为牡丹藤属，属名 *Clematis* 由希腊文 Klematis（意思是"藤状小枝"）而来，意指其为略木质化的多年生藤本，细长的茎生长为藤状的小枝。铁线莲属全世界约有300 种，多数具有药用及观赏价值。

从植物学的角度来看，屏东铁线莲硕大的白色花瓣其实是花朵"萼片"，但若以传播角度来看，这种白色的标志物是野地中最显著的特征。屏东铁线莲花朵中多数的蓝色雄蕊包覆着白色雌蕊，尽管只是一朵野花，但我们不妨用艺术的眼光来看待它，那精巧绝伦的设计，犹如大自然献给人们的视觉珍品。

A

A[台湾特有种，野地另类之光]
蔓性藤本的屏东铁线莲植株奋力地往其他植物身上爬，一切只为了争取阳光。

B[最美丽的藤本花卉皇后]
圆球状的花苞，还有绽放的花朵；它是野地里最美丽的藤本花卉皇后。

C[白色花瓣为其最大特征]
从植物学的角度来看，硕大的白色花瓣其实是花朵萼片，但若从传播角度来看，此种白色的标志物是野地里最显著的特征。

B

C

初见早春的美丽花神

琉璃繁缕

植物小档案

中文名：琉璃繁缕
别名：海绿、蓝繁缕、龙吐珠
学名：*Anagallis arvensis* L.
英名：Pimpernet、Poor man's weatherglass.
科名：Myrsinaceae 紫金牛科
花期：3 月 ~ 5 月
果期：同花期
原产地：温带地区，包括南亚、西北亚、澳大
利亚、欧洲、北美洲以及南美洲

两种名称，同样迷人

　　琉璃繁缕又名海绿，同时拥有两个美丽名字，道出了本身的迷人特质。蓝绿的颜色糅合了色彩的强烈对比，在阳光下显现出犹如琉璃般的光泽，金黄的雄蕊点缀在紫蓝的花瓣上，更添妩媚。在尚未开花之际很容易被人们忽略，直到春末夏初叶腋冒出琉璃般的花朵，其美丽的身影才令人惊艳。台湾原产一种开红花的原变型，色泽温柔婉约。英国女作家奥尔瑞夫人所著的《红花侠》中，波西爵士化身蒙面侠救人后留下为证的红花，就是琉璃繁缕。

拍摄地点：桃园许厝港
常见地点：在台湾分布于中北部、南部海边沙地及低海拔开阔地及农田，亦分布于离岛
　　　　　澎湖及金门烈屿

找寻春天的踪迹

三月，春寒乍暖。当第一道南风缓缓吹起，迷雾轻笼，冬季萧瑟的印象便开始逐渐褪去，树梢的枯寂旋即漫成点点新绿，随后疏叶散花，告诉你春天来了。春天是个令人忙碌的季节，就连眨个眼，都生怕错过了赏花的好时机。在山林里，樱花蕾渐次膨胀，粉红一片，像喜幛般铺天盖地；在海边，逐渐升高的温度、湿度，提醒着每个蓄势待发的生命，温暖的阳光炙烧出流光溢彩、变幻瑰丽的琉璃繁缕，这蓝色小花美得实在令人难以招架呀！

草地上盛开的喜悦

琉璃繁缕属在台湾仅有两种，一种是琉璃繁缕，另一种是小海绿（*A. minima*）[1]，属名 *Anagalis* 在拉丁语中意思是"再见的喜悦"，意指雨天阖闭的花朵再度盛开的愉快；而在希腊语中有两个意思，一是 Anagelao（意指"欢笑"），二是 ana（"相似"）和 anallo（"美丽"），形容该属植物有着美丽的花朵；而种加词 arvensise，则是"属于垦殖地的"，指其生育环境。

过去分类上属于报春花科（Primulaceae），近来则分类为紫金牛科（Myrsinaceae）[2] 琉璃繁缕属共有约 28 种，除南极以外，分布于全球各地。此属大多为早春开花，仅少数是夏秋开花，所以欧洲人称之为"早春的花神"。

---

[1] 此处疑有误，小繁缕（*Stellarie pusila*）为石竹科繁缕属。——编者注
[2] 2016 年最新的 APG IV 系统将紫金牛科全部划入报春花科。——编者注

A[群聚的海边小矮人]
在海边或荒地，在其他草生植物中，琉璃繁缕是个小矮人，但仍以成群聚落及花色引来人们的眼光。
B[显眼的花色和特别的叶片]
除了花色特别以外，叶片也很迷人，对生的卵形叶片紧紧抱住方茎，接着叶腋伸出长梗托住耀眼的花朵。
C[抢眼的雄蕊]
5 枚雄蕊和花瓣互生，鲜黄色的雄蕊与蓝色的花瓣特别耀眼。

适合作围篱的遮荫植物
长序木通

植物小档案

中文名：长序木通
别名：台湾木通、五叶长穗木通、叶长穗木通、
台湾长穗木通、台湾野木瓜
学名：*Akebia longeracemosa* Matsum.
英名：Taiwan Five-leaf Akebia
科名：Lardizabalaceae 木通科
花期：3 月 ~ 5 月
果期：8 月 ~ 9 月
原产地：中国福建、湖南、广东和台湾地区

猕猴喜食的台湾野木瓜

　　长序木通标本采自台湾，又称为"台湾木通"。木通科包括 8 ~ 9 个属，大约有 30 ~ 50 个种，主要分布在亚洲东部从喜马拉雅山区到日本一带，中国台湾有 2 属 8 种。木通属属名 *Akebia* 来自拉丁文名，种加词 *longeracemosa* 意为"总状花序的"，主要分布于中国福建、湖南、广东及台湾等地，又称"台湾野木瓜"，是台湾猕猴等野生动物喜食的果实。

41

拍摄地点：台南甲仙林道

常见地点：在台湾主要分布于台中、南投、花莲、台东海拔 300 ～ 800 米山区灌丛中

[巧夺天工紫宝石]

花色令人惊艳，恰似天造地设的璀璨紫宝石。

初夏，乌云密布后一阵雷雨，豆大的雨滴噼里啪啦在森林中敲打着，仿佛交响乐团演奏到了最高潮，旋即沉寂下来，天空突然清亮了，植物得到雨水的滋润，舒展开来。从来就不曾期待在野地里会遇见什么样的花朵，很多时候，我把不期而遇当作一种缘分，缘分来了，自然就会遇见，正所谓花开蝶自来，花开了，我就来了，而心里也为捡到了森林中的"紫宝石"而雀跃不已。

不是木瓜，却有木瓜名

"木通"，怎么联想，都想不出它名字的来历，21世纪的今天，你只要用键盘输入"木通"两字，立即出现的大多是中药讯息，如中药木通、马兜铃科藤本植物……与实物相差甚远。后来找到说明文字："此物大者径三寸，每节有二三枝，枝头有五叶，其子长三四寸，核黑穰白，食之甘美。"木通科植物的根茎在药学上具有利尿通淋、通经止痛之功效，"木通"之名由此而来。

长序木通为多年生藤本植物，长卵形的小叶5枚，称为"五叶长穗木通"，夏初开花，长长的花序排列成雌雄同株异花的特殊现象。细长花序由25～45朵花组成，雌花花梗细长，位于雄花上方，仅有1或2朵，以下皆为雄花，暗紫红色花朵令人惊叹于大自然的精巧构造。8～9月果实成熟，形似木瓜，有"台湾野木瓜"之称。

[凌乱的蔓藤，独特的姿态]
藤本植物，在林下显得相当凌乱，但暗紫红色的雌花在林下看起来却十分特别。

A[园艺中常见的天然材质]
常绿木质藤本，可栽植成围篱或作为栅架的遮荫植物。
B[叶形纤巧，五枚生]
掌状复叶，互生或簇生在短枝上，叶枝纤细有小叶 5 枚，所以有"五叶长穗木通"之称。
C[花的外形特殊，果实各异其趣]
雌雄同株异花，总轴基部两朵为雌花，上面是由 25 ～ 45 朵雄花组成的细长总状花序，花序约长 12 ～ 18 厘米。

阿拉伯婆婆纳

洒落凡间的蓝宝石

植物小档案

中文名：阿拉伯婆婆纳
别名：波斯水苦荬、波斯婆婆纳、蓝花水苦荬、
大婆婆纳、瓢箪草、台北水苦荬、肾子草
学名：*Veronica persica* Poir
英名：Common field speed-wel
科名：Scrophulariaceae 玄参科
花期：近全年
果期：近全年
原产地：中国、日本、南欧、喜马拉雅山

旅途中的小小意外

　　阿拉伯婆婆纳过去曾经是园艺界的一位成员，时至今日，在居家花圃中已不常见，反倒在野地里遍地开花。早在 16 世纪初期，王磐《野菜谱》就已记载："破破衲。腊月便生，正二月采，熟食。三月老不堪食。"在富饶的今日，也许饥荒并不会到来，但偶尔想在餐桌上变化一下口味，不妨试试野味十足的蔬菜，相信也能带来生活乐趣。

拍摄地点：彰化县二水
常见地点：在台湾见于中南部地区低海拔山地

[天使遗落的蓝宝石]
阿拉伯婆婆纳的花瓣瑰丽，像是把天空的颜色全抓到自己身上来，又仿佛天使洒
落凡间的蓝宝石，俏丽亮眼。

婆婆纳之谜

对于此花名很多人都很疑惑，"婆婆纳"其实是个古名，明代《救荒本草》就曾提及。认真说来，必须观察果实形态，其蒴果① 外形扁平，中间凹陷成心形，整个果实看起来犹如古时妇女收纳的针线包，故以名之。另一说，明代徐光启所撰写的农政全书《荒政》曾提及"破破衲"，称其"不堪补"，亦提及"寒且饥，聊作脯。饱暖时，不忘汝。"亦即又冷又饿，可当救命的野菜，一旦温饱时，也别忘了它。而古代植物名在流传过程中，总随着时间、空间而产生误差，所以"破破衲"逐渐被谐音"婆婆纳"替代。

阿拉伯婆婆纳非台湾原生植物，作为园艺花卉引进，于1915年首次在野外发现，直到1950年才正式出现关于该物种归化② 的文献记录。植物分类上为玄参科（Scrophulariaceae）婆婆纳属（*Veronica*），属名 *Veronica* 又称为锹形草属，为纪念 Saint Veronica 而沿用其姓氏，种加词 *persica* 意为"波斯的"，因而有波斯婆婆纳之别称。此属约有300种，主要分布在北半球澳大利亚和新西兰温带地区，中国台湾约有10种。

A

A[匍匐在土地上展开]
植株由基部开始分枝，
匍匐状，先端斜上升，
质地柔软。

---

① 蒴果，干果的一种类型。由合生心皮的复此蕊发育成的果实，每室有多粒种子，成熟时有各种裂开的方式。——编者注
② 归化，原来不见于本地，而是从外地或国外传入某种植物，在自然环境建立稳定族群，这一过程称为归化。——编者注

B
C
D

B[带有深蓝色的花纹，相当容易辨识]
花冠轮型，裂片 4 ~ 5 片，平展，花冠蓝色，花瓣带有深蓝色条纹，直径仅约 0.8 厘米。
C[两瓣为变异现象，实属少见]
正常花瓣为 4 片，仔细观察会见到花瓣 2 片或 3 片的花朵，在族群中相当少见。
D[放射状花冠，在花柱顶部有细毛]
花冠放射状，蓝色；子房上位；花柱头状，基部有细柔毛。

小小风车转呀转！

络石

植物小档案

中文名：络石
别名：台湾白花藤
学名：*Trachelospermum jasminoides* (Lindl.) Lem
英名：Chinese star jasmine、Fetid star jasmine
科名：Apocynaceae 夹竹桃科
花期：3 月～ 5 月
果期：5 月～ 8 月
原产地：中国华南、华中、华北、台湾

真假络石藤，中药之上品

　　络石具有很高的观赏价值，园艺种有斑叶络石，常作为盆栽或种植在庭院里搭配假山石景观或作地被植物。春天时常吸引金花虫及端紫斑蝶前来，可以在上面观察到金花虫的模样，小小的六足十分可爱。除了作为观赏植物，络石藤也是常见的中药材。药王李时珍称络石藤为"君药"，可见它具有举足轻重的地位。虽然在药材上属于上品，但坊间几乎都将其与薜荔藤混淆①，还有人将拎壁龙②的藤当作络石藤。

----

① 　络石藤是常用中药材，为夹竹桃科络石的茎藤或桑科榕属植物薜荔的不育幼枝。《中国药典》2000 年版规定其来源为络石的干燥带叶藤茎，但浙江、上海等地一直误将薜荔的干燥带叶不育幼枝作络石藤应用，二者成分不同，功效也各异。——编者注
② 　指蔓九节，是一种全株药用的中药材。——编者注

拍摄地点：台中东势大雪山
常见地点：在台湾地区见于全岛低海拔地区灌丛、林原地带，多见于石壁或树干上

从小植物看见生命的韧性

植物活在无声的世界中。大树树冠层夺走了大部分的阳光与空间，使得森林底层就像海洋下的晦暗世界，蛰伏的种子若要想享受大片的空间与阳光，只能等待大树干枯倒伏的那一天。但许多生命可能永远都没有机会等到这一天。生命自有出路，络石就有这样的本领，它们懂得跟随太阳移动，捕捉从间隙中穿透而下的微弱光线，有效利用碎片化的生存空间，寄居在大树上生活，展现出生命的韧性。

森林下的花朵瀑布

络石是夹竹桃科（Apocynaceae）络石属（*Trachelospermum*）木质藤本植物，属名 *Trachelospermum* 源自希腊文的 trachelos（意思是"颈"）和 sperma（意思是"种子"），意指果实内种子间有一颈状凹节。著名药学家苏敬说："俗称耐冬、石血，因为其包绕石头、树木生长，故名络石。"山南人称为石血，是因其治疗产后血瘀效果非常好[1]。

根据文献记载，台湾本岛产的络石属共有三种，包括台湾络石、细梗络石及络石。其中以络石最为常见，如灌丛内、森林边缘或近海岸地带均可见，多见于石壁或树干上，是分布极为广泛的植物。春天是络石开花的季节，3 月至 4 月间为全盛花期，随着风起，风车般的花朵散发出芬芳馥郁的花香。

夹竹桃科植物在花朵构造上经常显现出特别的授粉机制，络石的花苞像极了夏天的冰淇淋，花冠筒配上回旋的裂瓣，也别有用心；以传播的角度判断，当传媒昆虫口器进入花冠筒吸食花蜜时，口器上所携带的花粉会被孔道内的毛状物所拦截，进而粘黏上内部的雌蕊柱头，而当传媒昆虫将口器由花冠筒孔道拔出，口器便可能会卡入凹槽，顺势让顶端花药内的花粉粘黏在口器上，从而给花朵授粉。

进入夏天，授粉后的花朵逐渐转化为果实，长细柱形的成对蓇葖果[2]，随着成熟而慢慢张开，呈现 70 ~ 90° 夹角，成熟后开裂，并将带有冠毛的种子释出，落地生根、随处繁衍。

---

① 石血为络石的变种。——编者注
② 蓇葖果：是果实的一种类型，属干果中的裂果。果实多样，皮较厚，单室，内含种子一粒或多粒，成熟时果实沿一条缝线裂开。——编者注

A[每到四月，像瀑布般盛开]
盛花期犹如花瀑，若想欣赏它
热闹的繁花盛景，就不能错过
四月中旬的缤纷花季。

B[常可见缠绕于树干之上]
常绿缠绕性藤本，具有匍匐
性，叶片在生长过程中变化极
大。

C[花朵绽放时有如夏天的冰
淇淋]
聚伞花序，花梗长，萼片 5 深
裂，花白色，花苞形态可爱。

A

B

C

D[雄蕊、雌蕊相当好辨识]

络石的花苞花冠筒粗短，萼片外翻，雄蕊完全包覆在花冠筒内，花冠只有 1 个开口。

E[香气从花中吐露]

花冠白色，上缘 5 裂，各裂片呈回旋状排列，具芳香，花冠筒口被毛。

F[成对的果实，沿水平方向展开]

蓇葖果 2 枚成对，细长柱形，长约 15 厘米，近水平张开或成 70 ~ 90° 夹角。

邻家女孩般的小清新

青藤仔

植物小档案

中文名：青藤仔
别名：山秀英、白茉莉、白苏英、山素英
（台湾地区）
学名：*Jasminum nervosum* Lour.
英名：Mountain jasmine
科名：Oleaceae 木犀科
花期：4 月～8 月
果期：同花期
原产地：中国南部、台湾地区、印度

香如茉莉，是春天的气味

　　青藤仔花朵如同茉莉花，可作为花茶的香料与香水添加物，开的花在台湾地区被称作"瑞香"。茉莉花茶在中国的花茶里，享有"可闻到的春天气息"之美誉，而采集含苞欲放的茉莉制成的花茶，在泡茶时会像花朵一样打开。所谓的茉莉花茶是把花加入绿茶中熏制而成，有句熏花口诀是这么说的："茉莉花开八分最好，晴天花最香，六月茉莉及白露花期为最好"。使用不同的绿茶品种作茶坯，会产生不同的花茶，如果用玫瑰熏制就是玫瑰花茶，依此类推。

拍摄地点：台东达仁
常见地点：台湾全岛中低海拔平地或山区，高温、干燥地区

有如花天使般的名字

青藤仔，在台湾地区又叫山素英，一个优雅、清新的名字。给它取这名字的人，一定是在一幅幅迷人的景象中，把一些简单的事和那一缕淡淡的心情都写上了。东部山区绿色的蔓藤下，挂满了点点繁星，修长的白色花瓣，素净的白，纯真无邪；俯身近看，随着微风轻拂，花心散发出茉莉花般淡淡的清香，清秀中又带点独特的气质。频繁穿梭山野，每当看见它开出纯白芬芳的花朵，季节的旋律萦绕心间时，便总会想，若真有花天使，肯定就住在这花朵里面吧。

与茉莉花同属，芬芳淡雅

木犀科大约有 30 属，600 余种，广泛分布在全球各亚热带和温带地区，在中国台湾有 9 属，约 56 种，而素馨属在台湾也有近 20 种。素馨属又称为茉莉花属，属名 *Jasminum* 由该植物的波斯名 yasmin 而来。种加词 *nervosusaum* 意思是"神经的、叶脉的"，意指叶子基部有明显的三出脉。

青藤仔为常绿蔓生灌木或藤本，茎可长达数米，在不同的生存环境下，植株形态会有不同表现。譬如在土地贫瘠、干旱加上风大的海岸，为了适应环境，植物常较低矮，花数也不多，甚而有仅仅开一朵花的现象。但在一般平原或山区地区较为良好的环境下，一株青藤仔可以盛放数十朵，有时甚至可达上百朵花。青藤仔常见于高海拔平地或山区，偶尔可看见民间栽培，通过人工栽培它可就规矩多了，常被用作棚架观赏植物。

青藤仔春末夏初开花，花期长，因为与茉莉花同属，又具有花香，因此才有了 Mountain jasmine（山茉莉）这个英文名字。它的特征是花朵为白色小花，花冠筒造型特殊且十分修长，先端花瓣裂片从 7 枚到 12 枚，呈细长的披针形，非常小巧美丽，而细状的花萼片，在花谢后还会留下来迎接果实。

果实初为绿色，成熟后转为紫色，一颗颗小巧的球形果实，味甜鲜美，是野地里可食用之野果。而尝鲜的朋友可要注意，多汁的果实常会在手指头上留下深深的紫色印记，不容易清洗掉！

A

B

C

A[果实为可食的野果]
常绿蔓生灌木或藤本，茎可长达数米，具多数分枝，小枝条圆柱形。
B[细长的花萼片，在花谢后还会保留着]
叶对生，卵状长椭圆形，先端渐锐尖，基部钝圆，叶全缘，具有短柄。
C[一株青藤仔可以盛放数十朵花，有时甚至可达上百朵]
花常 3 朵组成聚伞花序或单生，萼片及花冠裂片 7 ~ 11 枚，花朵谢了之后，萼片宿存。

D

E

D

D[常见的花茶香料]
青藤仔的花冠白色，非常显眼，具有淡淡香气，花朵晒干后可以当成花茶香料使用。
E[野地里的美味野果]
球形浆果，成熟时为黑色，味道很甜，是可口的野果，但在台湾北部较少结果，中南部则较
为常见。

狭叶重楼

植物小档案

中文名：狭叶重楼
别名：高山七叶一枝花、高山蚤休、狭叶七叶一枝花
学名：*Paris polyphylla* Sm. var. *stenophylla* Franch.
英名：Narrowleaf Paris
科名：Liliaceae 百合科
花期：3 月 ~ 5 月
果期：6 月 ~ 9 月
原产地：中国台湾

深山是我家，滥采严重，日渐稀少

　　狭叶重楼又名七叶一枝花，是一味清热解毒的草药，其药用历史相当悠久，向来被誉为医治蛇伤痈疽之圣药。明代李时珍《本草纲目》载："七叶一枝花，深山是我家，痈疽如遇者，一似手拈拿。"可见七叶一枝花的使用由来已久；据传这味草药的名字，也是缘于一段神话故事。台湾早期民间相传狭叶重楼为可治蛇毒与疮疡肿毒的珍贵药材，可见其具有一定的药理作用。然而也正因如此，滥采时有发生，导致野外数量越来越少，现在甚至已经很少见。

拍摄地点：台中大雪山

常见地点：在台湾地区见于中央山脉海拔 1800 ～ 3000 米的阴凉处或林荫下

"这种植物我们之前是不是曾看过？"知道吗？它非常有名，还出现在台币千元钞上呢！拿出千元钞仔细看看，围绕在帝雉（黑长尾雉）旁，由左至右共有七种植物，其中有一种就是狭叶重楼！

七兄妹对抗毒蛇的传说

相传，在一个小山村里有一对年老的夫妇，养育了七个儿子和一个女儿。有一年，村里突然出现了一条巨大的毒蛇，老夫妇的儿子决心为民除害，结果七兄弟相继葬身于蛇腹内。后来，老夫妇的女儿虽然替哥哥们报了仇，但也命丧黄泉。时隔不久，就在毒蛇葬身的地方，长出一种植物，共有七片叶子，顶端还开着一朵黄绿色的花，十分奇特。老夫妇遇到有人被毒蛇咬伤，就将它捣烂涂敷在伤口上，久而久之，这种不知名的植物便成了专治毒蛇咬伤的草药。

百合科（Liliaceae）重楼属（Paris）亦称为"七叶一枝花"及"蚤休"。属名 Paris 在台湾地区又称为七叶一枝花属，由拉丁文 Par（意思是"相同"）而来，意指该植物掌状复叶的各小叶或花的各部分构造数目都相等。

狭叶重楼为台湾特有种，初生叶片随着时间增长越来越狭窄。基部是叶片，往上第二层像绿色花瓣的是萼片，花朵单生，花瓣为细长的线形，然后是 12 枚雄蕊及紫红色的子房，秋季结出蒴果，红色种子外露。

A[仔细数数是不是有七片叶子]
一层七叶，不一定代表就是"七叶一枝花"，其初生时叶片很容易与同属其他植物混淆。

B[一层七叶，一花七瓣]
由基部往上分别为叶片、萼片、线形花瓣，然后是雄蕊以及紫红色的子房。

C[野地数量越来越少]
花心构造为雌蕊在中间，柱头五裂，子房紫红有棱线。雄蕊扁平，黄色花药线形，呈放射状排列。

D[红彤彤的种子外露，模样相当迷人]
蒴果扁球形，成熟时开裂。红彤彤的种子，在野地里很引人注目。

A

B

C

D

飞檐走壁的武林高手

风筝果

植物小档案

中文名：风筝果
别名：扬尾藤、牛牵藤、红药头、虎尾藤、
风筝果、风车藤、猿尾藤（台湾地区）
学名：*Hiptage benghalensis* (L.) Kurz.
英名：Bengal hiptage
科名：Malpighiaceae 金虎尾科
花期：4 月 ~ 5 月
果期：5 月 ~ 7 月
原产地：中国南部和台湾地区（包括台湾本
岛、兰屿和绿岛）、印度、马来西亚

天然直升机，可作趣味童玩

　　风筝果叶片是许多蝴蝶幼虫的食物，如弯褐弄蝶、淡绿弄蝶、台湾
琉璃小灰蝶等蝴蝶幼虫便以风筝果叶片为食，雌蝶习惯将卵产在粗枝条
上，孵化后的幼虫会自行爬到叶片上造巢栖身。在许多民宿或生态农场里，
生态旅游解说员有时会介绍一种像直升机螺旋桨的褐色翅果，这种翅果
就是风筝果的果实。小朋友拿在手上把玩，将翅果抛向空中，果实下坠时，
会像直升机的螺旋桨一样，缓慢地旋转降落，相当有趣。小朋友可借以
了解大自然的神奇。

拍摄地点：嘉义茶山部落
常见地点：在台湾地区见于台湾全岛低至中海拔 1500 米以下的树林中

[特殊的外形，吸引昆虫造访]
最上方的 1 枚花瓣具有黄色块斑，特化成为具有指示作用的告示牌，可以引导昆虫降落在正确位置上。

生命的延续，极其奥妙

植物对季节更迭的知觉远比人们来得敏锐。五月，期待已久的梅雨终于普降大地。温暖丰润的土地，为明艳的夏天酝酿了热情。山林步道间，洒落着咖啡色的翅果。抬头瞥见似风车般的绿色果实，不禁幻想实下坠时，它会像直升机的螺旋桨一样，自空中缓慢旋转降落。在不久之前的几个星期，它抓住温暖的阳光奋力绽放的美丽只是转瞬，但生命的更迭延续或许才是永恒的自然。

会聘请保镖的植物

金虎尾科共有约 75 属，1300 余种，分布在全球热带地区，但绝大部分生长在热带美洲，主要在加勒比海岸地区、美国南部，其余小部分生长在非洲、马达加斯加岛、菲律宾、新喀里多尼亚和中南半岛一带。风筝果属名 *Hiptage* 由希腊文 hiptasthai（意思是"飞"）而来，意指其翅果会飞散传播。此属约 30 种，分布范围从南亚至中国南部及马来西亚斐济，中国台湾仅此一种，普遍生长于海拔 1500 米以下的树林里。

每年新发的嫩枝细长，末端上翘微卷，看上去就像猴子尾巴，故在台湾地区有"猿尾藤"之称。风筝果为常绿木质藤本，每年春末夏初是它开花的季节，花期仅约三周左右的时间。由于植株经常高悬于树梢或岩壁，加上花瓣颜色不甚鲜明，通常只在看见一地落英时才发现它。

风筝果是一种相当聪明的植物，它会为自己聘请保镖！它在花的内部会发育出"腺"的构造。小型"腺点"分布在花的内侧及叶片上，大型的"腺体"则位于花萼的背面，为蚂蚁提供吸食的蜜汁，而蚂蚁会全天候驻守在腺体上，驱赶前来啃食花叶的昆虫，这也是生态学上跨界物种间"互利共生"的行为。

花序整体看来并不那么有美感，但单就一朵花而言，花的整体形态是左右对称的，花瓣有着流苏状边缘，且绽放后基部向后反折，形成近似蝶形花的结构，仍然相当特别。

A[有武功的武林高手]
木质化的茎干常扭曲且富弹性，可攀附于其他植物上，也有飞檐走壁的能力。
B[在林间偶遇，别忘记多看它一眼]
刚吐新叶的植株相当漂亮，稍加注意就很容易遇见这种有趣的藤本植物。

C[山林间的白色花雨]

开花时期，在树林底下会看见白茫茫的一片，那就是它落下的花瓣。

D[雄蕊分成长短二型]

花粉白，花 3 瓣，上瓣带鹅黄色，边缘带流苏，雄蕊 10 枚，不等长。

E[叶片有如旋转的扇叶]

果实长短不一，具 3 翅，大小及形状常有变化，如风扇叶片，由空中旋转而降，可随风传播。

F[小朋友最爱用来玩游戏的植物]

风筝果的果实下坠时，会像直升机的螺旋桨一样，缓慢地旋转降落，是一种很有趣的天然儿童玩具。

基隆南芥

植物小档案

中文名：基隆南芥
别名：基隆筷子芥草、基隆筷子芥（台湾地区）
学名：*Arabis stelleris* DC. var. *japonica* (A. Gray)
Fr. Schmidt
科名：Cruciferae 十字花科
花期：4 月 ~ 5 月
果期：5 月 ~ 7 月
原产地：中国台湾、日本、朝鲜半岛

是芥末还是山葵？

西方有芥末，东方则有山葵，吃生鱼片蘸的芥末其实是山葵。山葵利用的是根茎部分，先洗净、去皮，再研磨成泥状；而芥末是摘取芥菜成熟的种子，经过干燥，加工研磨成粉的一种调味料。山葵和芥末，由于风味十分相似，都有辛辣呛鼻的味道，因此常有人误以为山葵是芥末的另一种称呼。其实，它们是完全不同的植物。

拍摄地点：北海岸石门洞
常见地点：在台湾地区可见于北部滨海沿岸岩石，离岛基隆屿亦可见，数量稀少

[白色的花朵聆听着大海的声音]
东北季风稍弱，海洋带来水气，雨水也浇醒了岩壁上的花朵，白色花瓣仿佛竖起
耳朵聆听着大海的声音。

植物向来与人的生活息息相关，《圣经》里提到："天国好像一粒芥菜种，有人拿去种在田里。这原是百种里最小的，等到长起来，却比各样的菜都大，且成了树，天上的飞鸟来宿在它的枝上。"人的一时好奇就这样与植物产生了关联。

古希腊文中的芥末

十字花科（Brassicaceae）是双子叶植物中相当繁盛的一科。生活中人们食用的许许多多蔬菜皆出自十字花科，如萝卜、芥蓝菜、高丽菜、芥菜等。此科共有约 338 个属，约 3700 种，许多种属到现在还未见中文译名，主要分布在北半球温带地区。南芥属在台湾地区又称筷子芥属，约有 120 种，分布于北半球及非洲山区。属名 *Arabis* 源于古希腊文中的"芥末"一词。

基隆南芥是台湾 5 种南芥属植物中的一员，分布狭窄。几番辟地开路，生存环境遭到破坏，台湾本岛的基隆南芥群早已岌岌可危，目前仅见于北部滨海沿岸岩石上，若按数量来算，基隆屿应该是全台湾基隆南芥分布最多的地方。

初次见到基隆南芥开花的人，乍一看真会误以为是"芥蓝菜"开花：白色的十字花瓣，加上同样是 6 枚雄蕊，花朵简直是一个模子刻出来的，只不过叶片与真正的芥蓝菜有着天壤之别！

A[在基隆屿上分布极广]
茎生叶匙形，基部箭形，倒披针形，叶全缘至有波纹状。

71

B[花瓣的外形十分好辨识]
萼片4片，基部成囊状，
花瓣4枚，白色，雄蕊6
枚。
C[绿色扁平果，种子细小
且多]
长角果线形，扁平，成熟
时2裂，种子多数，细小。
D[生于低海拔的一种南芥
属植物]
它是唯一生长在低海拔地
区的南芥，多年生草本，
基生叶无柄，肉质。

B

C

D

抹着粉色胭脂的爱神之花

桃金娘

植物小档案

中文名：桃金娘
别名：山捻、水刀莲、白花红捻、红捻
学名：*Rhodomyrtus tomentosa* (Ait.) Hassk.
英名：Downy-myrtle、Hill gooseberry、Rose myrtle
科名：Myrtaceae 桃金娘科
花期：4 月～ 6 月
果期：8 月～ 9 月
原产地：中国大陆和台湾地区、中南半岛、菲律宾、日本、
印度、斯里兰卡、马来西亚、印度

爱和崇拜的象征

　　除了运用于绿篱景观外，果实也可制成馅饼和果酱，或用于制作沙拉。在越南，果实被用来生产葡萄酒，称为 rusim，并且用来制做果冻及罐装糖浆。此外，桃金娘科植物精油具有抗病毒、杀菌、呼吸系统消炎的作用。在希腊文化中，桃金娘还与爱有关，人们经常将其用于精油按摩，也曾经把桃金娘献给希腊爱神阿佛洛狄忒以示崇拜。

73

拍摄地点：台北北投

常见地点：在台湾地区见于宜兰、台北、台东、绿岛低海拔地区，山麓较干燥丘陵、坡
地、山路旁

[浓妆淡抹总相宜]

花朵叉状并生，花瓣4枚或5枚，雄蕊多数，就像女孩甜美的笑脸抹上了粉色胭脂。

74

一切从 icash 开始

2006 年，台湾便利商店发行了一套以卡通画为主题的预付储值卡 icash，卡片上绘有讨人喜欢的花朵图案，其中有台湾厚距花、栀子等，但真正吸引我的却是桃金娘。有趣的是，在现实生活中，我一次也没见过它，直到某天在公园里不期而遇。这也让心里长久的期待得到了一丝满足。

传说中的爱神之花

桃金娘科（Myrtaceae）植物主要产于澳大利亚、美洲热带和亚热带地区，约有 100 个属，3000 种，生活中常见的有番石榴、莲雾、蒲桃等，家族庞大。桃金娘属属名 *Rhodomyrtus* 由希腊文 rhodon（意思是"玫瑰"）和 myrots（意思是"桃金娘"）组合而成，意指其为开玫瑰色的花而像桃金娘的植物。

"花似桃而大，其色更赪，丝缀深黄如金粟，一名桃金娘。"清代园艺学家这么形容它的瑰丽。而在古希腊，人们沿袭早期多神教对大自然的崇拜，在对阿佛洛狄忒的信仰中保留了对桃金娘的尊敬。传说阿佛洛狄忒从海水泡沫中生出，当她在塞浦路斯岛的帕福斯登陆时，就是用桃金娘遮蔽着她美丽的身躯。

A

A[常见的园艺景观]
常绿灌木，分枝繁密，适合作为绿篱或园艺景观花卉。

B[万绿丛中一抹粉红]

叶片对生，厚革质，椭圆形。在手中搓揉会有番石榴的香味，这也是它的特点之一。

C[粉红、桃红都是同一株]

花朵大小与桃花相似，初开时，色泽鲜丽，经久稍稍变淡，可别误以为是两种花色哟！

D[花后进入结果期]

果实初秋成熟，呈红色或者紫黑色，手指般大小，成熟时果肉红色，味甘，可生食，果肉味甜而有芳香，内含多数种子，可用于制作软糖。

B

C

D

隐藏树林下的花蝴蝶

中国绣球

植物小档案

中文名：中国绣球
别名：土常山、小叶八仙花、常山、罗比八仙花、蜀七叶、长叶溲疏、华八仙（台湾地区）
学名：*Hydrangea chinensis* Maxim.
英名：Chinese hydrangea、Lobbi's chinese hydrangea、Small-leaf hydrangea
科名：Saxifragaceae 虎耳草科
花期：1 月～6 月
果期：5 月～9 月
原产地：中国长江流域以南及台湾地区、日本琉球群岛

是叶非花，主角变配角

生活中我们常见的萼片形似花朵的植物有九重葛、绣球花，这些植物通常具有多种花色且观赏价值高，常被用作庭园美化及大型盆栽。或许正因为萼片有着相当鲜艳的色彩，所以很少有人去注意到底"花"在哪里，又长什么样子。这些花朵通常都比萼片小而且隐蔽，例如绣球花的可孕花藏在萼片下，除非翻开寻找，否则很难看到花朵。中国绣球也属此类，在台湾地区未受园艺推广，实为可惜，而它还有个特点，就是叶片具有特殊的甜味，偶尔可代替茶叶饮用。

拍摄地点：宜兰清水地热

常见地点：在台湾地区见于全岛中低海拔地区、兰屿低海拔阔叶林下或林缘

[白色的萼片有如蝴蝶翅膀]

远观那粉蝶般的萼片，乍看还真以为是蝴蝶停满枝梢呢！

真假蝴蝶让人神迷

曾经在一堂课上这么介绍蝴蝶：蝴蝶翅膀上的鳞片分为"化学色"和"物理色"，物理色会因为观察的角度不同而产生色泽变化。因为在蝴蝶翅膀的鳞片上，有条状的凸起物，且这些凸起物都呈平行，所以当光线射入时，会在两条凸起物中间绕来绕去，绕不出去，于是在表面形成了一种新的颜色，这种现象称为"绕色"。同样地，当我遇见它时，那看似众多粉蝶在花朵围绕的景致，也像一种"绕色"，吸引了我的目光。

蒴果有如装水的杯子

虎耳草科（Saxifragaceae）在台湾有 7 个属，而绣球属则有 11 种。中国绣球的拉丁文学名中，属名 *Hydrangea* 由希腊文 hudor（意思是"水"）和 angeion（意思是"杯"）组合而成，意指其蒴果很像装水的杯子。中国绣球是台湾原生植物，台湾全岛中低海拔山区均可见到，尤其是在森林边缘或是郁闭林的空隙处特别容易见到。虽说常见，但很多人对它其实并没有太深的印象，毕竟它在不开花时常与周边植物融为一色。不过等到它开花之时，想要忽视它也很不容易，因为它那白色粉蝶般的"花朵"实在是太显眼了，乍看还真以为是蝴蝶。

你也许不知道，植物为了招蜂引蝶，无不出奇制胜，周围那些看起来类似蝴蝶的花瓣，其实都是不孕花。中国绣球很聪明地利用整个花序聚集成一个极大的标志物，让授粉昆虫能轻而易举在蓊郁的林下层找到它们。仔细观察，我们会发现周围白色的萼片数目并不相同，从 3 枚到 5 枚都有，萼片上面有时会有雄蕊或雌蕊，但发育不全，有些甚至根本没有雄蕊或雌蕊。而内部可孕的花朵则具有完整的雌蕊及 10 枚雄蕊，还有 5 枚萼片，这才是真正的花朵。它们虽然颜色不够亮眼也很小，但却是真正具有繁殖能力的花朵。

A

B

A[观赏价值高，常用于庭园美化]
多年生常绿灌木，植株可达 4 米。盛花季节，很容易被它特殊的花形所吸引。
B[周围白色的萼片数目不尽相同]
复聚伞花序中间为可孕花。叶对生，枝叶光滑，稍老的枝条呈红褐色，带有金属光泽。

C[为吸引昆虫而花枝招展]
花瓣是植物用来吸引传粉者的构造，但真正的花朵却很小。那种膨大而只是扮演花瓣角色的构造称为"类花瓣"。

D[真正的花朵并不显眼]
围绕在周边的花朵萼片瓣化，常为不孕花。萼片白色，十分明显，3 ~ 5 枚镊合状排列，常为 5 枚。

E[细看别有一番韵味的两性花]
我们大部分人都只关注白色萼片，反而忽略了黄绿色的两性花，这种花细看也别有一番娇美。

F[看起来像装水的杯子吗？]
果实为球形蒴果，先端有 3 枚残存的线形花柱，倒过来看就像是装水的杯子。

风靡国际的千面女郎

台湾独蒜兰

植物小档案

中文名：台湾独蒜兰
别名：台湾一叶兰、独蒜兰、冰球子、台湾慈姑
兰、山慈姑、珠露草、窗台兰
学名：*Pleione formosana* Hayata.
英名：Taiwan Pleione
科名：Orchidaceae 兰科
花期：3 月 ~ 5 月
果期：6 月 ~ 9 月
原产地：中国中部及南部、台湾地区、西藏

扬名世界的国宝

　　"千面女郎"般的台湾独蒜兰，一出山就扬名国际，1914 年已是英国皇家植物园的贵客。1920 年至 1975 年，半个世纪间，台湾独蒜兰在英国得过六次兰花大奖，是独蒜兰属植物中得奖最多的一员，之后持续在国际间大放异彩，而有国宝级花卉之称号。但也因为广受喜爱，台湾独蒜兰大量外销，导致数量锐减，目前已限制出口，并划设了多个保护区。

拍摄地点：南投溪头至杉林溪一带
常见地点：在台湾地区见于宜兰太平山、桃园北插天山、花莲清水山、林田山、台中鞍
　　　　　马山、南投杉林溪、梅峰（全省最大人工培育中心）以及阿里山

[吸引昆虫和人们的目光]
除了视觉引诱外，唇瓣上凸起的龙骨还有导引功能，使昆虫能够正确到达花朵内
适当的部位。

一叶一花再现风华

台湾植物分类的兴盛期始于 1895 年，许多日本学者对台湾植物的分类做出了贡献。20 世纪初森丑之助于 1909 年首度在台湾发现台湾独蒜兰。台湾独蒜兰于 1920 年至 1975 年间，曾六度获得英国皇家园艺学会的大奖。它因深受欧美等西方国家喜爱而大量外销，尤其是采自太平山的。原本随处可见的台湾独蒜兰，顿时变得渺不可得。阿里山地区的台湾独蒜兰因球茎较小而免于流落他乡，但仍逃不过民众的采摘，生存受到极端威胁。

台湾独蒜兰是兰科（Orchidaceae）植物，世界上独蒜兰属家族共有 20 多种，属名 *Pleione* 原指希腊神话中的"大洋女神"，意指这类植物拥有美丽的花朵。独蒜兰生长在地上，拥有一个储藏水分及养分的假球茎，一个假球茎上大多只长一枚叶片，所以在台湾地区叫"一叶兰"。假球茎的形状像蒜头，因此在大陆地区称为"独蒜兰"。

独蒜兰漂亮的花是最吸引人的部分，而看似花瓣的部分，其实是由真的花瓣和很像花瓣的花萼构成的。真正的花瓣只有三片（内圈的两片和最特别的那一片），靠外圈的那三片则是萼片（一般植物的花萼是绿色的），萼片在花还没开的时候包在花苞的外面，扮演护花使者的角色。形状和颜色都与众不同的那一片花瓣叫作唇瓣，是兰花特有的构造，唇瓣除了在视觉上引诱昆虫之外，唇瓣上的龙骨还有导引这些传粉使者的功能。

A[国际花卉比赛常胜军]
一花一叶，点缀在崖壁或
树干上，美不胜收。

B

C

B[隐藏于异类之间的娇客]
常见于林缘裸露的陡岩表面，与苔藓、地衣混生，在和其他植物的竞争中演化成攀爬高手。
C[智慧与美貌的结合]
台湾独蒜兰有着智慧与美丽结合的外表，花瓣上镶嵌着水纹般的黄色色块，更让美貌达到巅峰。

Volume 03 ——夏

一叶轻舟蕴藏先民的智慧

大叶仙茅

植物小档案

中文名：大叶仙茅

别名：大仙茅、船仔草、船形草、地棕根、独茅根、独脚仙茅、独脚丝茅、山棕、地棕、大地棕（四川）、竹灵芝、千年棕、船子草

学名：*Curculigo capitulata* (Lour.) O.ktze

英名：Largeleaf Curculigo、whale back

科名：Amaryllidaceae 石蒜科

花期：4 月～6 月

果期：6 月～9 月

原产地：广泛分布于亚洲热带及亚热带地区

达悟族人的天然法宝

　　大叶仙茅在台湾全岛低海拔及离岛兰屿皆可见到，它特别喜欢生长在潮湿的溪谷，偶尔可见栽培为观赏植物，栽培容易，耐阴性强。据说在兰屿岛上，大叶仙茅是当地应用最广的植物，如达悟族人在做好的陶瓮即将晾干时，会把陶瓮用海芋（台湾地区称姑婆芋）的叶子包住，再用大叶仙茅叶片缠绕而成的绳索绑住壶口以防止变形。此外，在烹煮番薯的时候把叶片铺在最上层用以增加香气，与台湾传统用香蕉叶垫粿或竹叶包肉粽有异曲同工之妙。

拍摄地点：新竹飞凤山

常见地点：在台湾地区见于各低海拔地带，喜生于山坡、丘陵草丛中及灌木丛边

[开花时不甚明显，细看美丽异常]

大叶仙茅开花不明显，我在寻找花的同时，心里也夹杂着一股探究与喜悦，就像寻宝那般兴奋。

无风自摇如船影

立在岸上远眺插角，河岸两旁树林蓊郁，草木葱茏，水流平静，在阳光映照下像一条发亮的丝带。汩汩水流汇入不知名的河流中流淌开去，河床积土上，农人在耕种，有闲暇的人在垂钓，远处还能听见孩子们的笑声。走向沙岸，惊得一堆鸟儿哗然而散。意识，自遥远处渐渐回来，像星光从光年以外投射过来，很慢。转身，遇见植物叶片"无风自摇"，像一叶扁舟在绿海中摇摆不定。

植物和地名间的趣味关系

台湾传统地名的由来，与自然实体有关的特别多。在新竹芎林，因山丘面积占全境三分之二，常见以"窝"命名。所谓"窝"，就是浅山地区三面环山、一面开口的地形。这些窝中，有的会加上植物名称，如"船仔窝"、"桂竹窝"。在华龙村，当地居民认为"船仔窝"地名的由来，是因为昔日该地满山遍野都是大叶仙茅（台湾地区称作"船仔草"）。据当地耆老说，客家先民移垦鹿寮坑之初，大多没受过良好教育，对于当地草木自然不知其名。因为大叶仙茅的形状像一条小船，所以客家人称之为船仔草。

有学者将大叶仙茅归在仙茅科（Hypoxidaceae）下，《台湾维管束植物简志》则将其归于广义的百合科，《中国植物志》则将之归于石蒜科。仙茅属早期属名 *Molineria* 来源于智利出身的神父、植物学家、意大利 Bologna 大学博物学教授 Juan Ignacio Molina（1740-1829 年）的姓氏，现更名为 *Curculigo*。种加词 *capitulata* 为"小头状的"意思，意指头状或是短穗状的花序。此属共有约 10 余种，分布于热带地区。

叶片形态如船，所以有个英文名字"whale back"，原指从前一种有龟甲形甲板的货船。叶片形态犹如棕榈，因此也被称为"palm grass"，意为"棕榈草"。

大叶仙茅花开于春末至夏季，花期依区域不同而有所变化，喜欢生长在阴湿环境下，通常群聚在一起，花梗短，开花不显著，有时得翻开植物叶片才能觅其花朵芳踪。花着生在花茎上，有花多数，耀眼的金黄色小花相当迷人，花瓣数目为三的倍数，呈辐射对称，夏至秋季结果。

A

B

A[形似船身，因而在台湾地区名为船仔草]
多年生草本植物，根茎粗短，株高 50 ~ 100 厘米，乍看很像常见的台风草（棕叶狗尾草）。
B[叶形如船，亦似棕榈]
叶片长可达 1 米，长椭圆状披针形，上表面光滑，下表面疏被毛，全缘，叶脉明显有肋纹，
不具褶纹。

91

C[花开于春末至夏季]

开花时期因花梗短，花朵常被叶片所遮蔽，有时得翻开植物叶片才能觅其芳踪。

D[大叶仙茅多分布于热带地区]

花序为头状花序，花茎密被柔毛；苞片阔披针形，被毛；花梗短。

E[觅芳踪如一场寻宝游戏]

花黄色，具短梗，花被片卵形，被毛，雄蕊6枚，着生于花被基部，花丝短，花柱短，柱头3歧，直立。

F[大叶仙茅的果实]

果实为浆果，椭圆状球形，被软毛，成熟时3裂，内具类球形有光泽之黑色种子。

制作蓝染的天然原料

圆锥大青

植物小档案

中文名：圆锥大青
别名：垦丁苦林盘、癫婆花、癫嫲花、白龙船花、
红龙船花、贞桐花、赪桐花、龙船花（台湾地区）
学名：*Clerodendrum paniculatum* L.
英名：Paniculate glorybower、Scarlet glorybower
科名：Verbenaceae 马鞭草科
花期：3 月～10 月
果期：9 月～11 月
原产地：中国台湾和大陆南部、中南半岛、马来
西亚、泰国及印度

青出于蓝的染布原料

　　"蓝染"概指用一种蓝色染料染布的工艺。据历史记载，中国古代蓝染的技术在民间普遍盛行。早在三千多年前的周朝，宫里就已设有专职官吏"染人"，来管理染色的相关技术与生产。蓝染最早出现于秦汉时期，其工艺的应用及表现方式相当丰富。近年来，蓝染的制作不局限于衣物，举凡服饰配件、壁饰、门帘、椅套、靠垫、马克杯、笔记本等都可见到蓝染工艺为物品注入富于生命力的蓝色，蓝染也因为融入生活而展现出"青出于蓝而胜于蓝"的魅力。

拍摄地点：台南梅岭

常见地点：在台湾地区见于全岛低海拔丘陵地带及平原荒地间，台中以及南部较为常见

[两性花，高脚碟形或漏斗形花冠]

花萼杯状或钟状，4 裂，花冠 5 裂，雄蕊 4 枚，柱头 1 枚，在开阔地长成一片显眼而华丽的花的海洋。

争芳斗妍的好时节

随着梅雨的洗礼，春花经过几番波折，也慢慢地结出了果实。夏季的节气到来，太阳走到黄经七十五度，天气越来越闷热，台湾南部的天空偶尔会伴随着午后雷阵雨。"夏三月，此为蕃秀，天地气交，万物华贵。"夏季，地面蒸腾，天地之气交合，大地的草木花卉在阳光的照拂下，也呈现出万物华贵、欣欣向荣的景象。这争芳斗妍的好时节，仿佛专为圆锥大青而设计。

海上宫殿

大青属（或称海州常山属）约有 400 种，大部分种类分布于热带及亚热带，少数分布于亚洲、非洲、美洲的温带地区。拉丁属名 *Clerodendrum* 来自希腊文 kleros（意思是"幸运"）与 dendron（意思是"树"），意是指这类植物具有药物性能，是需要幸运才能碰到的树。

圆锥大青在台湾地区叫作龙船花，有些地方又称宝塔龙船花。坊间流传着许多说法，有说这种植物端午节划龙舟的时节才开花，所以叫作龙船花。此外，过去老一辈的人认为如果家中种了这种植物，谁碰了它就会倒霉、发疯，所以又称为"疯婆花"，算是闽南人的一种禁忌植物。事实上，"龙船"并非端午节的"龙舟"，而是指船上有多层雕梁画栋的楼阁，宛如华丽的海上宫殿。

圆锥大青为常绿小灌木，株高可达 2 米，小枝四棱，节间膨大，叶十字对生，有点草腥味。以夏季为盛花期，超大型的圆锥花序由最简单的伞形花序结合成聚伞花序，再以总状花序形式组成圆锥花序。

圆锥大青一个花序可达 6 层以上，向东西南北四边分散，一棵营养佳的圆锥大青，一个花序上约有 300 朵花。各小花开花井然有序，初开时花冠裂开，绕曲成五瓣，旋卷的花蕊跟着外吐，雄蕊接着上扬。当彩蝶飞舞，花粉散尽，4 条花丝即慢慢下垂，花柱则慢慢上扬，等待媒婆带来远方的花粉。

A[单叶对生，叶阔卵形
或心形]
偶见 3 ～ 5 角状浅裂，具
疏齿或近全缘，纸质，具
有光泽感。

B[花色有白有红，白花
为变种]
白花因为具有珍贵药用价
值而被过度采撷，因此，
野外所见几乎全都是红色
花的种类。

C[在野外常见红花踪迹]
大型花序状如塔，色彩浓
艳，在野地里总能轻易地
看见它的踪影。

D[特长的 4 枚雄蕊伸出花外]
雄蕊约为花冠筒的两倍长，常为醒目的焦点，颇能引人注意。
E[圆锥大青在野地是相当重要的蜜源植物]
常会吸引一些蜜蜂与蝴蝶前来拜访，连水青粉蝶也无法抵挡它们的魅力呢！
F[果实为核果，球形]
果实直径约 0.8 厘米，常呈田字形，藏于残存的花萼内，成熟后变黑色，内含四颗种子。
G[蓝染主要以成熟果实为主]
台湾早期染色均采用天然染料，每种植物都有特定的颜色，用圆锥大青做染料的缺点是所能
采集到的染料量不大。

黑叶山柑

植物小档案

中文名：黑叶山柑
别名：山柑仔、细叶凤蝶木、细叶蝴蝶木、乌
壳仔、薄叶山柑、独行千里，石钻子、毛瓣蝴
蝶木（台湾地区）
学名：*Capparis sabiaefolia Hook. f. & Thoms.*
英名：Kikuchi caper
科名：Capparaceae 山柑（白花菜）科
花期：4 月～ 6 月
果期：7 月～ 9 月
原产地：中国福建、广东、台湾，中南半岛及
琉球

野生刺山楂，昂贵的调味品

山柑科植物在台湾地区多半作为观赏植物，如台北温州公园的加罗林鱼木。而地中海则产一种叫作刺山柑的野生植物，普遍生长在岩石地区。刺山柑的食用方式是采收含苞未放的花蕾，以盐和醋腌渍成"酸豆"，是烹制鱼类和肉类极佳的调味佐料；因采撷过程需人工采收，所以价钱昂贵。古时人们认为它可引起性欲，也可刺激老年人的食欲。

拍摄地点：台南关山
常见地点：在台湾地区分布于中部及南部中低海拔山区，包括台中、南投、台南、高雄、
　　　　　屏东，常见于路旁或开阔的坡地、森林的边缘半阴的阔叶林下

[花丝细长，4 枚花瓣似蝴蝶]
黑叶山柑植株是多种粉蝶及端红蝶幼虫之寄主，台湾地区称它为蝴蝶木，名副
其实。

对自己而言，工作远行是一件很奇妙的事，那是一种心灵的"流浪"。在流浪过程中，一直深信在这大自然里，会因为缘分而产生某种际遇。除了人以外，最大的可能是遇见其他的"新朋友"，也许是一种真菌，也许是一种蕨类，更多的时候是一种开花植物。

蝴蝶之寄主

山柑科也叫白花菜科，共有 25 属，约 650 种，分布在全球暖温带和热带地区。山柑科植物有乔木、灌木、藤本，少数为草本。山柑属的属名 *Capparis* L.，为该植物的古希腊文名称，由 caput（意思是"头"）一词演变而来，意指其花序为头状花。此属约有 250 种，分布于热带和温带地区，其中约 150 种分布在温暖的亚热带和热带地区，在台湾地区有 6 种。

台湾所产的黑叶山柑在以往的分类文献资料中，均被归为同属的锐叶山柑（*C. acutifolia*），直到 2004 年才由钟诗文等人发表文章确定黑叶山柑的存在，并确认其与锐叶山柑的区别。最大的差异在于本种小枝光滑无刺，而锐叶山柑小枝疏具刺，同时，本种花瓣瓣缘密被毛，亦与锐叶山柑有所不同。

山柑科植物是许多蝴蝶的蜜源植物。蝴蝶有长长的虹吸式口器，所以吸食的食物必须是液体状，例如花蜜、树液、腐果、水等。蝴蝶对于不同的蜜源植物会按喜好程度排出先后，但并无专食性。黑叶山柑花期为春末至夏季，大部分先叶后花，偶见先花后叶的现象，令人称奇。大自然中的生命各有各的生存规律，有共性，更有个性，生长和繁衍都没有定式。

A[食用的刺山柑是采收含苞未放的花蕾制成的]
黑叶山柑为小灌木，株高不过 3 米，上部枝叶平展，小枝光滑，无刺，绿色。
B[黑叶山柑花期为春末至夏季]
雄蕊多数，花丝细且长，花朵似蝴蝶展翅，雨水滋润过的花朵更显优雅。
C[山柑科植物在台湾地区多为观赏植物]
果实球形或椭圆形，长 1.5 ~ 2 厘米，熟时橘红色，内有种子多数。

虎耳草

植物小档案

中文名：虎耳草
别名：金丝荷叶、金线钓芙蓉、金钱吊芙蓉、锦耳草
学名：*Saxifraga stolonifera* Curt.
英名：Strawberry geranium
科名：Saxifragaceae 虎耳草科
花期：5 月～8 月
果期：7 月～11 月
原产地：中国及日本

一身是宝，药用食用美容用

　　虎耳草在中国及日本向来就是一种常用的草药，据拉丁文献描述，它的药理作用包括粉碎去除膀胱结石。在日本料理中，虎耳草叶片偶尔用于调理熟食，而叶片单面裹上面糊炸成的天妇罗，最让日本人回味，因而有"白雪公主炸"之美称。虎耳草除了常被栽培为景观植物，还含有丰富的草本精华，例如此属植物具有丰富的单宁酸，常被用于对抗自由基。除此之外，经过提炼后还具有美白、消炎、抗氧化的功效！

拍摄地点：台北双泰产业道路
常见地点：在台湾中北部中低海拔的阴湿地带相当常见

[粉色花朵似仕女们的领巾]
像翩翩起舞的蝴蝶般风采迷人；无论见过几次，还是会被此种魅力再次吸引。

宣示主权的成片绿意

山间小路，蓊蓊郁郁，偶尔才出现一间房，前不着村后不着店，是这里给人的第一印像。突然遇见石块堆砌的矮房，小黄猫慵懒地躺卧在大门口，主人家种植的荷花早已枯萎，即使凋谢了，仍然有另一种美态，伴着水中遍布的满江红，也增加了几分生机。不远处荒废的砖墙上，布满了一丝丝绿意；虎耳草在此地宣示它的主权。

圣人与圣历

自古以来，基督教里就有将圣人与特定的花朵联系在一起的习惯。起初是因教会在纪念圣人时，常以盛开的花朵点缀祭坛。而在中世纪的天主教修道院内，更是普遍种植着各式各样的花朵。久而久之，教会便将圣人分别和不同的花朵结合在一起，形成所谓的花历。当时大部分的修道院都位于南欧地区，而南欧属地中海型气候，极适合栽种花草，虎耳草当时就被选来用于祭祀 4 世纪时维罗纳的主教。

虎耳草属的属名 *Saxifraga* 由拉丁文 saxum（意思是"岩石"）和 frangere（意思是"破碎"）组合而成，意指其生长在岩石隙缝里，能分泌物质分解岩石使其破碎，因此在药理上可碎除膀胱结石。虎耳草科在台湾共有 13 个属，虎耳草为虎耳草属的唯一种。原产于中国大陆及日本，17 世纪时由华南引入台湾，主要生长在潮湿的山谷间、岩石上，常见于中部和北部低海拔潮湿地带。

虎耳草叶片上的斑纹如虎斑，外形如虎耳；古人也说，虎耳，生阴湿处，人亦栽于石山上，茎高五、六寸，由此可见它的生长习性。虎耳草为多年生草本植物，全株被有细毛，一茎一叶，叶如荷叶，所以中国大陆部分地区称之为石荷叶。其叶大如钱，状似初生的小葵叶及虎耳，更多了一分可爱。

植株具紫红色走茎，细长柔弱，落地后又长成新株，因此常可见其成片生长。夏季是虎耳草开花季节，植株低矮，花序却可长达 45 厘米，一枝花序上可多达上百朵花，极为壮观。虎耳草花朵小巧，相当典雅，一朵花有 5 枚花瓣，最上面 3 枚为粉红色，带有紫红色和黄色的斑点，下方的 2 枚白色花瓣较大且狭长，恰似仕女脖子上的领巾，温柔婉约。

A

B

A[粉色花朵似仕女们的领巾]
像翩翩起舞的蝴蝶般丰采迷人，无论见过几次，总是会被它再次吸引。

B[虎耳草叶片斑纹如虎斑，外形如虎耳]
叶基生及茎生，肉质，具长柄，肾状圆形，边缘具波浪纹或浅裂，常自然生长成大片族群。

C[常自岩壁下垂生长，又名金线钓芙蓉]

叶面绿色，沿脉有苍白色条斑，下面常带紫红色或有斑点，两面被长伏毛。

D[夏季开花，白色至粉红色、紫色或黄色]

多朵排成圆锥花序，花茎从叶丛中抽出，长 15 ~ 45 厘米。

E[萼片 5 枚，呈分离状，花瓣 5 枚]

最上方 3 枚较小，有紫色和黄色斑点，下方 2 枚较大，为纯白色。

F[娇美可爱的两性花]

雄蕊 10 枚，花丝棒状，有时上面张开，基部合生，花柱 2，或长或短，柱头小。

如烟火一般绽放

杜虹花

植物小档案

中文名：杜虹花
别名：台湾紫珠、大丁黄、毛将军、毛蟹眼、灯黄、
白粗糠仔、粗糠仔、粗糠树、黄袄婆
学名：*Callicarpa formosana* Rolfe
英名：Formosan beauty-berry
科名：Verbenaceae 马鞭草科
花期：2 月 ~ 5 月
果期：6 月 ~ 9 月
原产地：中国南部、台湾地区、日本冲绳及东南亚
地区

可药用和食用，有着特殊的香味

　　马鞭草科植物的叶片都有种味道，这种味道非"香"即"臭"，香臭的界线则因人而异。我们所喝的马鞭草花草茶，在法国、西班牙等地，是最受喜爱的花草茶之一，因此也被誉为花草茶中的"女王"。杜虹花虽然没有马鞭草那么大的名气，但台湾南部原住民会取其具有辛辣味的树皮，与槟榔一起嚼食；杜虹花的叶片搓揉过后会有独特的味道，阿美族在祭祀庆典中会用来提神醒脑，一般情况下取其根部作为药材使用。

拍摄地点：台中市太平市头汴坑

常见地点：目前台湾全岛低海拔的山地林缘常见驯化生长

[盛放时极致的美丽]

放眼望去，绿叶如披上了粉红彩衣，张扬的美丽让人想移开目光都很难。

万紫千红如烟花

"等闲识得东风面，万紫千红总是春。"南宋朱熹写得美，用来描写丰富而多姿多彩的繁花，再恰当不过。随着春寒慢慢走远，温度逐渐升高，植物蠢蠢欲动，黄色、红色、白色、蓝色、紫色让人目不暇接，再来个粉红色，更增添几许生趣。披着娇柔粉红彩衣的花朵或紫色果实，让人都舍不得转移一下目光；对这种回头率极高的植物，多看一眼也无妨。

如珠宝般的果实

"杜虹"之名，活像古装剧中温柔婉约的女子，不免令人产生遐想。而提到"紫珠"，就不难想象为何如此称呼了。马鞭草科（Verbenaceae）包括 90 余属，约 2000 余种，主要分布在全球的热带和亚热带地区，紫珠属属名 *Callicarpa* 由希腊文 kalli（意思是"美丽"）和 andros（意思是"果实"）组合而成，意指该植物的果实为球形，呈淡紫色而状如珠宝，且形成聚伞状的一大丛，颇为美丽。种加词 *formosana* 意为"台湾的"，故杜虹花又称为台湾紫珠，而台湾原产的紫珠属约有 14 种。

杜虹花为多年生常绿灌木，在台湾全岛低海拔郊野里几乎都能发现它的美丽身影。杜虹花带有星状茸毛的叶子，平常并不太吸引人们注意，直到春分之际，花序缓慢从叶腋抽出绿色花蕾，没有告知人们一声，便径自迅速开起花朵来。一团团花簇由许许多多的小花密集而成，一节接着一节开满了枝头。单朵花非常小，为管状花冠，浅裂的花瓣隐藏不了伸出花冠筒的雄蕊，让人不由得赞赏它的美丽。

走过春天，初夏来临时，满树的粉红快速褪去，换上团团新绿的新装。幼嫩的果实逐渐形成，未成熟的绿色球形果实，就像一串串绿色的葡萄高挂在枝头上。果实慢慢由新绿变成淡紫色，最后变成深紫色，如珠宝般光滑亮眼。在低海拔山区偶尔能见到白耳画眉或其他鸟类啄食果实的可爱模样。果实的魅力对鸟类而言，实在是无法抗拒呀！

A[台湾低海拔处常见它的身影]
常绿灌木，植株高 1.5 ～ 4 米，小枝上密被星状的茸毛。
B[台湾先住民将其搭配槟榔食用]
单叶对生，叶形为卵形或长椭圆形，表面有星状茸毛，叶子边缘为锯齿状。

C[开花时常吸引游客驻足欣赏]

聚伞花序，花序多分支，花萼筒密被星状毛，花冠裂片先端钝至圆，表面紫色至粉红色或白色。

D[种加词 *formosana* 意为台湾的，又称为台湾紫珠]

单一小花为管状花冠，花冠前端 4 浅裂，雄蕊伸出花冠筒外。

E[球形果实如绿色珍珠]

未成熟的果实绿色，果实球形至椭圆形，像一串串绿色的葡萄，成熟时紫色。

F[西方以其泡茶，台湾先住民也采来作食物]

紫色果实可供观赏及作插花花材，同时也是鸟类重要的食物来源。

花型小巧有如少女般清新

台湾藜芦

植物小档案

别名：山蒜头、棕榈草、黑紫藜芦、山葱、棕包头
学名：*Veratrum formosanum* Loesener.
科名：Melanthiaceae 科
花期：7 月～ 8 月
果期：9 月～ 10 月
原产地：中国台湾特有种
（Endemic Species of Taiwan）

白藜芦醇不是"仙丹"

　　早在 1939 年，日本人高冈就从植物白藜芦的根茎里提取了白藜芦醇，它是一种天然杀菌剂，具有抗氧化的作用，可能也有一定的保健功效。然而，人类的健康与老化是个复杂的体系，且因人而异，市场上流行种种所谓的"仙丹"，常是推销宣传的技巧，不可轻信，需要有科学试验来证实。

拍摄地点：合欢山昆阳、武岭
常见地点：在台湾地区见于中、高海拔山区，生长在日照充足的矮草丛、裸露地或矮箭
竹丛中

[全岛高山常见的藜芦科植物]
高山花卉在夏季里争奇斗艳，就像女人一样，有的清秀，有的俏丽，台湾藜芦花
朵小而雅致，犹如小家碧玉。

113

日据时期（1895-1945 年）是台湾特有植物发现史上的一段黄金岁月，有些采集者虽然是业余的，却取得了很高的成就。例如台湾早期蕨类重要的采集者 Hancock.W 就是一例，他虽是一名海关官员，却对台湾的动植物认识甚多，尤其是对蕨类的研究，深获英国权威学者肯定。他总计在台湾采集新种 15 种，包括于 1881 至 1882 年在淡水发现的台湾藜芦。

台湾藜芦为藜芦属，属名 *Veratrum* 来自这种植物的拉丁文名称 *Veratrum*，种加词 *formosanum* 意思是"台湾的"，指其为台湾特有植物。北起南湖大山，南迄关山，在海拔 2500 ~ 3700 米的高山草原及阳明山上都能见到台湾藜芦，这也是草原上主要的物种之一。

依据古籍记载，黑色称"黎"，藜芦的"芦"头有黑皮包裹，意指"黑根"，因而得名。藜芦在中国大陆有许多名称，如山葱、葱球。藜芦根似葱，所以北方人称憨葱，而南方人则称鹿葱。台湾藜芦主要分布于高海拔地区平缓的岩屑地带，性喜生长于玉山箭竹草坡的箭竹丛间或是阳光充足、土壤具黏性的高山草原上，植株连花茎在内约高 30 ~ 60 厘米，属阳性植物。

台湾藜芦是全岛高山地区相当常见的藜芦科植物；每年 4 ~ 5 月间嫩芽开始萌发且逐渐茁壮，5 ~ 7 月进入花期。花茎从修长的叶片内伸出，暗红色小花排列于花茎上。9 ~ 10 月棕红色的蒴果成熟后，具翅的种子即踏上新的生命旅程。

A[性喜阳光的藜芦科植物]
雄蕊 6 枚，花丝细长，子房
上位，椭圆形，花柱 3 裂。
B[每年 9 月～ 10 月，蒴果
成熟]
蒴果卵形，花被与 3 枚花
柱宿存，熟果棕红，种子成
熟飞散后，植株逐渐枯萎。
C[入秋后，地面上部完全
凋零]
根部进入休眠状态，等待
翌年春天到来。

A

B

C

台湾通泉草

植物小档案

中文名：台湾通泉草
别名：佛氏通泉草（台湾地区）
学名：*Mazus fauriei* Bonati
科名：Phrymaceae 玄参科
花期：2 月 ~ 5 月
果期：4 月 ~ 10 月
原产地：中国台湾

青草店遇见通泉草

　　大部分野花不是花太小就是不够鲜艳，因此几乎没有园艺栽培价值，但在青草店却很容易看见它们。庙街的老板娘总会亲切地说，通泉草具有清热解毒还有降血压的效果，挺神奇的呢！

拍摄地点：台北屈尺

常见地点：在台湾地区分布于南部以北、花莲、宜兰、澎湖，各地低海拔区，或路旁草
地、林荫、山壁

[台湾特有种植物]
小花小草也有美丽的一面，只要愿意弯腰，低头就能见到不同的风情。

1903 年，法国传教士的新发现

1895 年日本殖民统治时期，有很长一段时间西方人退出了台湾植物采集领域。之后接续这一工作的，是法国传教士 Digitaria Fauriei Ohwi。他于 1903 年来台湾采集植物，停留不到四个月，就在屈尺发现了一种植物，也就是台湾通泉草。

珍贵的台湾特有植物

1903 年 6 月 6 日台湾通泉草被发现，并以采集者的姓氏命名。此属约有 25 种分布在夏威夷、新西兰、澳大利亚和印度等地，台湾有 5 种原生种，台湾通泉草为台湾特有种。通泉草属属名 *Mazus* 来自希腊文 mazon（意思是"乳头"），意指其花冠裂片唇部闭合，状如乳头。

中国古籍记载："根入地至泉，故名通泉。"另一说法为，明朝朱权所撰《庚辛玉册》说到"传云有利尿之功而得名"。东西方国家的命名，都体现了通泉草的习性及药用价值。

通泉草属目前在台湾共有 8 种，其开花颜色、植株形态、分布高度各有不同，唯一不变的是，此属多为矮小草本，叶以基生为主。同时花朵多具有色斑，在花卉生态学中，这类标记被称为"蜜标"。蜜标具有标示功能，可以吸引访花昆虫前来并落在正确位置上。为了让昆虫顺利进入，不至于溜滑，入口（唇瓣）还有细柔毛。冬末至春季是开花季节，我们常会看到花朵相似，便把台湾通泉草误以为通泉草（*M. pumilu*）。

A

C

B

A[通泉草属目前在台湾共有 8 种]
郊区野外，绿地常被染成一片淡紫，花朵虽然不大，却相当艳丽。

B[形似酒杯的花萼]
总状花序；两性花；花萼为钟形，明显 5 齿裂，立起来活像个小酒杯。

C[在青草店常可看见它们的身影]
一朵花具有 4 枚雄蕊，2 枚雄蕊，雌蕊 2 心皮合生，花柱 1 枚，但肉眼很难窥见。

倒挂树上的奶瓶刷
榼藤

植物小档案

中文名：榼藤
别名：鸭腱藤、厚壳鸭腱藤
学名：*Entada phaseoloides* (Linn.) Merr.
科名：Leguminosae（Fabaceae）豆科
花期：4 月 ~ 6 月
果期：11 月 ~ 次年 2 月
原产地：中国台湾

独一无二的天然工艺品

　　榼藤的种子可做项链等饰品，炒后可食用；茎可制纤维、造纸；叶可作为肥皂代用品。有机会捡到这种天然宝物，怎可轻易拿来祭五脏庙呢！我们来自制钥匙圈吧！需要准备的材料有钻孔器具、复古钥匙圈、问号钩、花帽盖，然后只要找到种子芽点，小心钻个浅孔，将配件一一挂上，就成了独一无二的天然饰品。

拍摄地点：嘉义曾文水库
常见地点：在台湾地区分布于北回归线以南至恒春，海拔 500 米以下的森林内

[穗状花序，犹如奶瓶刷]
花序犹如奶瓶刷，模样非常可爱，但花香略嫌刺鼻。

带来好运的光滑"石头"

九月的山林，苍翠的绿意逐渐开始有了变化。寂静的山林中，略显崎岖的蜿蜒林道，伴随着山涧潺潺流水，缓慢地推动生命前行……林道下阳光游移，光的粒子穿透了叶片，把树叶照得像发亮的透明薄片，也增加了森林的层次感。黄土泥土地上夹杂着碎石，还有掉了一地的无患子果实。倏忽间，发现一颗很特别又光滑的"石头"，虽然表面上污秽，但仍然好奇地捡起把玩，赫然发现原来是颗榼藤种子，传说这是会带来好运的种子。

一身是宝的实用食物

豆科属双子叶植物，共有730属，19400种，分为三个亚科，包括含羞草亚科、苏木亚科及蝶形花亚科。榼藤属含羞草亚科，榼藤属植物在全世界约有30种，亚洲产7~8种，中国台湾则有4种。榼藤属属名 *Entada* 由该植物在印度 **Malaba** 地方的俗名而来。

如果说幸运的人才看得到榼藤开花，那么拥有一颗榼藤种子则会带来好运，老一辈的客家人是这么说的。榼藤属植物均可入药，早年被砍伐严重，台湾平地已不多见，属于珍稀物种。榼藤种子表面具光泽纹路，过去曾大量外销日本加工成工艺品，加上藤可当绳索，捣碎后还能洗衣，因而遭到大量砍伐，在野地已少见。

榼藤为多年生藤本植物，常攀缘在其他植物上，二回羽状叶片，在林道山径或道路两旁均可见到。春末夏初开花，长长的穗状花序像一支支奶瓶刷挂在树上，花朵本身无花瓣。

秋末冬初结果，豆荚巨大如刀，豆荚成熟时逐节脱落，每节内有1粒种子。这种硕大天然的工艺品，令见者无不赞叹其美丽。在早年，许多住在山区的小朋友会捡榼藤种子玩，有些小朋友还会将种子在地上磨到发热，再偷偷拿它触碰邻座同学的手臂，骗说是"电豆"。而在现代美容中心，它还有一个名称，叫作"刮痧果"。

A

B

A[攀缘木质藤本，全株无毛]
老茎扭旋，常攀附于其他植物体上。
B[榼藤的叶片]
二回羽状复叶，顶生 1 对羽片卷须。

C[花序外形极像奶瓶刷]
花序为穗状花序，柔荑状，腋出，花细小，略呈淡黄色。
D[花萼相当细小，呈阔钟形]
花萼具 5 齿，花瓣基部稍连合，雄蕊 10 枚，分生，花丝丝状，花柱丝状。
E[巨大豆荚如大刀挂在枝条上]
豆荚略弯曲，有种子 5 ~ 20 颗；豆荚有节，成熟时会一节一节将种子释出。
F[光滑且带有纹路的榼藤种子]
种子不经过任何处理，保持天然风貌，更能展现自然的美感。

有兰之名却无兰之实

山菅

植物小档案

中文名：山菅
别名：剪刀铰、山管蔺、白花桔梗兰、竹叶兰、
蕎箅草、桔梗兰（台湾地区）
学名：*Dianella ensifolia* (L.) DC.
英名：Swordleaf dianella
科名：Liliaceae 百合科
花期：3月~ 8月
果期：3月~ 8月
原产地：亚洲热带地区，中国华南、日本、琉球、
夏威夷、印尼及澳大利亚

是毒物也是宝物

　　三氧化二砷俗称"砒霜"，也是最古老的毒物之一。早年环境欠佳，老鼠横行，闽南先民利用山菅的毒性，取其茎和叶捣汁与米炒香，或用汁液浸米晒干后诱杀老鼠，因而山菅又有"老鼠砒"或"老鼠怕"之称。此外，早期的马祖人在没有塑料袋以前，用山菅的叶子编织成草囊，把米塞进草囊里蒸熟，再用绳子串起来，就变成了一种便于携带的小饭团，类似于今天的粽子。前人的智慧由此可见一斑。而在排湾族原住民间也有将山菅叶捣碎后敷于患部治疗毒蛇咬伤的做法。

拍摄地点：石门麟山鼻步道

常见地点：在台湾地区见于全岛低海拔山区较干燥之山壁或路旁，海滨也有分布。

[在拉丁文中有"狩猎女神"之称]

在一片幽暗中，蓝色花瓣搭配着鲜黄舞鞋，充满一种灵性气质，轻盈、优雅的曼妙舞姿，使之成为野地最抢眼的明星。

山城四面环山，青山蓊郁如锦褥绣屏环绕于旁，让如在宦海浮沉已久的仕人，突然间找到了一处静谧的桃花源。贫瘠的红土上仍然生机盎然，山菅花昂着头从芒草中探了出来。在风和日丽的天气，辗转来到海岸，瞥见禾草与山菅蔓生，随风摇曳，索性丢下背包，尽情拍下一帧帧动人的景致。

百合科植物是被子植物的一种，属单子叶植物，在全世界分布广泛，尤其多见于温带和亚热带地区。百合科约有 230 属，3500 种，为多年生草本植物。山菅属共有约 30 种，分布于热带亚洲和大洋洲。山菅属的属名 *Dianella* 由拉丁文 *Diana*（意思是 "狩猎女神"）和词尾 -ella（意思是 "小"）组成，意指该植物状如小小的狩猎女神。台湾仅此 1 属 1 种。

芝兰生于谷，不以无人而不芳。兰花在人们的生活中占有重要的地位，在文化上自然也产生了不可磨灭的影响。尤其在美学意境上，兰始终象征一种超离尘俗的高贵情愫。兰最早的解释为 "香草"，也就是说凡具有香味的花草，通通都叫 "兰"。这使得后来许多不属于兰科的植物如吊兰、韭兰、桔梗兰（山菅在台湾地区的称呼）等有名无实。山菅非桔梗亦不属于桔梗科。台湾地区因此草之根结实而梗直，故名 "桔梗"；花朵状似兰，故称为 "桔梗兰"。其叶长狭条状披针形，性喜干燥旱地、贫瘠土壤，犹如芒草，所以称为 "山菅"。菅茅是茅草的一种；菅菲指的是菅屦、草鞋；菅筥是用菅草编的盛饭器；菅蓉为草席，以此类推，可见山菅的叶片具有很多实用价值。

在台湾低海拔地区几乎都可以见到它的身影，滨海地区亦然。山菅具有观叶、观花、观果价值，亦可当花材使用。花开于春末夏初，花茎甚长，顶生的圆锥状花序由多个小的总状花序组成，小花众多，蓝色花朵及黄色雄蕊倒吊着悬垂于花茎下，像极了优雅曼妙随风舞动的舞者。

A

B

A[随风舞动的曼妙身姿]
台湾各处低海拔山区草坡和灌木林内常见，海滨地区也有它的踪影。从特意拍摄的剪影来看，山菅显然比其他禾草大上几号。

B[乡野孩童的玩具]
偶尔可见园艺栽培。乡间的孩童最喜欢以山菅的叶片和叶鞘做成口笛，这是一种令人怀念的童年时代的植物。

128

C[常用作切花材料]
圆锥状花序顶生，由多个小的总状花序组成，花序分枝少而短，花茎甚长，花常数朵聚生于花序分枝的近顶端，是良好的切花材料。

D[花朵模样十分可爱]
虽非兰花，但它的花质细致娇柔，紫蓝色的小花极为淡雅美丽。

E[花开于春末夏初，花茎甚长]
花蓝紫色或白色，花被 6 枚，排成 2 轮，园艺栽培上还有斑叶白花品种，给生活增加了许多趣味与选择。

耐寒又耐旱的蛇蝎美人
毛地黄

植物小档案

中文名：毛地黄
别名：吊钟花、毒药草、洋地黄、
紫花毛地黄
学名：*Digitalis purpurea* L.
英名：Common Foxglove
科名：Scrophulariaceae 玄参科
花期：6 月～ 8 月
果期：8 月～ 10 月
原产地：欧洲西部

美得很有距离的蛇蝎美人

　　毛地黄既耐寒又耐旱，台湾地区几乎全岛均可种植，民间偶见栽培为观赏花卉。毛地黄含有大量的强心配糖体，为心脏病常用药物，其作用在于增强心肌收缩的力量，以改善心脏衰竭的症状。但临床医生说得好："适量为良药，过量则为毒药。"毛地黄因全株有毒素，也是著名的"蛇蝎美人"。若误食其叶片、花朵、种子等，会导致严重的中毒，不可不慎。

130

拍摄地点：南投仁爱

常见地点：在台湾地区常见于太平山、阿里山、八仙山及海拔 2000 米左右的高山，清境农场、梅峰农场均有栽植，偶见民间栽培

[回荡在山谷间的悦耳铃声]

成串的花穗如倒挂的风铃，婀娜多姿，把原本已多姿多彩的山野点缀得更为娇美。

青山的深邃心事

喝饱了梅雨，草地上的花蕾逐渐膨胀，紫的、白的、黄的，一瞬间公路边整片草丛被点燃了。山中云雾无常，这一秒大山还闭着眼睛，下一秒云开雾散，大山就睁开了眼睛，见到毛地黄盛开的模样，不由得漾出了笑容。紫色的、白色的，一串串、一朵接着一朵，宛如深藏了一整年的酒窝。山的心事，让快乐的毛地黄给说尽了。

串串铃铛异常耀眼

毛地黄属植物约有 20 种，为一年生或多年生草本。在植物分类中被归为玄参科（Scrophulariaceae）。此属植物原产于中亚和亚洲西部、非洲西北以及欧洲西部和西南。毛地黄属的拉丁属名 *Digitalis* 由希腊文 digitus（意思是"指状"）而来，意指该植物的花萼 5 深裂，好像手指的样子。种加词 *purpurea* 意为"紫色的"。

毛地黄因有密布茸毛的茎叶及酷似"地黄"的叶片而得名。传说坏精灵将毛地黄的花朵送给了狐狸，让狐狸把花套在脚上，以减弱它在毛地黄间觅食时发出的脚步声，因此西方人给了毛地黄一个非常有趣的名字：狐狸手套（Foxglove）。

毛地黄原产于欧洲西部温带地区，1911 年由日本人引进中国台湾种植。起初大概着眼于其作为药材的经济潜力，因此在当时的三大林场伐木整地，特别是在大雪山、阿里山等中南部山区林场试种，结果非常成功。而且因为未同步引进其天敌，可谓生长无碍，再加上单株每年可孕育数十万颗种子，细小的种子随风传布，后来演变成了中高海拔地区的驯化植物。

毛地黄是多年生草本植物，开花前不见茎，只见粗糙且皱缩的根生叶，全株生有细毛。每年从 4 月到 5 月开始抽出花茎，6 月开始花朵一串串地开放，犹如倒吊着的铃铛。虽然别称为"紫花毛地黄"，但其花色多样，有白色、绿白、紫红或粉红色，细看花冠还带有漂亮斑点，颇为耀眼。

A[密布茸毛的茎叶]

驯化的毛地黄，株高可达 1.5 米，茎直立，少分枝，全株密生短茸毛。

B[自国外引进时未引进天敌，导致四处蔓延]

叶粗糙皱缩，基生叶具长柄，柄翼状，叶片大，卵形至卵状长椭圆形，叶缘有钝锯齿，两面被茸毛。

C[虽又名紫花毛地黄，但花色却不只紫色一种]
夏季由茎顶端伸出长花穗，并由下端向上依次开放美丽的钟形花。
D[花色多变又特别]
花冠先端类似唇形，花色多样，有紫红色、绿白色、白色、粉红色，并点缀浓紫色斑点。
E[看似美丽，却含剧毒]
花冠二唇化，钟形，花瓣 5 片；2 强雄蕊，花药不相连，药室等长。
F[中高海拔开阔地优势的植群]
蒴果包于花萼内，具喙，胞间开裂。果实为阔卵形，内藏细小种子，数目极多。

毛姜

植物小档案

中文名：毛姜
别名：山冬粉、冬粉草、台湾蘘荷、恒春姜、
台湾山姜（台湾地区）
学名：*Zingiber kawagoii* Hayata
英名：Hair Ginger
科名：Zingiberaceae 姜科
花期：春季～夏季
果期：秋季～冬初
原产地：中国台湾

台湾野味"山冬粉"

　　毛姜假茎的髓部具有粉条（台湾地区称为冬粉）状的透明柔软线状物，开花时期鲜采带有花葶之根茎，洗净，可鲜用或切片晒干，台湾民间称之为"山冬粉"。由于现代人丰衣足食，此种山珍野味也渐渐被遗忘，更遑论采收技术了。毛姜尽管和姜一样具有地下根茎，但比姜小，也少了姜的浓辣味道。

拍摄地点：台东县达仁乡安朔
常见地点：在台湾地区自然分布于全岛低海拔至中海拔溪谷阴湿处或多湿之林荫下及兰
　　　　　屿低海拔山区

[荒野的精灵，颜色纹路鲜明]
春季至夏季开花，总花梗由茎基部横出，上面有一或多个花朵，苞片带有淡黄色
及紫红色大斑，还有纵向的鲜明纹路，似精灵般。

从想象到现实生活

古今植物学家经过努力，将辛苦积累下来的工具书，无私地呈现在世人面前。从原野、海滨到高山，从手绘稿到彩色照片，植物的世界总是令人充满想象并期待能与书中的花朵相遇。这一次，色彩艳丽的毛姜从我的梦境中跳出，与我真正相遇了。

揭开身世之谜

过去的文献一般将毛姜记述为山柰或山奈，使"山柰"这个名字充满想象空间，如《康熙字典》解释："柰，果也"，《广韵》记："柰有青、白、赤三种"。柰是指"苹果"的一种，通称"柰子"。但依据邱年永老师《原色台湾药用植物图鉴》记述，本种并未被当作山柰（*Kaempferia galangal* L.）药材使用，正确名称应为"毛姜"。

毛姜属于姜科姜属植物，姜属属名 *Zingiber* Mill.，由该植物的马来语名称衍生的希腊文 Zingiberis 而来，为台湾本土的多年生植物，由川上泷弥及森丑之助于南投峦大山首次采集收录。

一般人看见如此大型的叶片，容易误认为田野里常见的月桃。到了春季，毛姜的总花梗从肥厚的地上芽长出，上面有一个或多个花朵，苞片带有淡黄及紫红色大斑及纵向的鲜明纹路，模样奇特。花冠形成三个裂片，雄蕊贴生于唇瓣，唇瓣微凹，花药药隔附属物延长成细长弯曲的喙状。入秋后开始结果，果实包在宿存的苞片及小苞片内，成熟时裂开，肉质壁深红色；种子多粒，椭圆形，具垫状白色假种皮。

A

B

C

A[种子神似孵化中的鱼卵]
有多粒种子，椭圆形，具垫状
白色假种皮，像极了一颗颗即
将孵化的鱼卵。

B[后芽长出花序，着生 1 ~ 3
朵]
总花梗由肥厚的地上芽长出，
着生 1 ~ 3 朵花，每花下具
披针形苞片，花萼管状。

C[特殊造型只为让虫媒授粉]
唇瓣微凹略宽，这种设计让
虫媒能够顺利地降落在上面，
帮助授粉。

风箱树

植物小档案

中文名：风箱树
别名：珠花树、水杨梅、马烟树、水芭药、水
拔仔、珠花树、小杨梅、大叶柳、小泡木、红
扎树
学 名：*Cephalanthus tetrandrus* (Roxb.) Ridsd.
et Bakh. f.
英名：Asiatic button-bush、Common button-
bush
科名：Rubiaceae 茜草科
花期：5 月 ~ 7 月
果期：甚少结果
原产地：中国南部、台湾地区、印度、缅甸

稳固堤岸的高手

　　风箱树是早期先民重要的护堤植物，农民常将其种植在田埂、沟渠或溪流边，使其成列生长，如同防护林一样，起到稳固堤岸防止崩塌和侵蚀的作用。它也是昆虫的食物和蜜源植物，同时还庇护着沟渠里的鱼类和两栖类。风箱树为台湾珍稀水生植物，目前在台湾林业部门的"自然资源与生态数据库"中被列为"野外灭绝"（Extinct in the Wild）等级的稀有保护植物。

拍摄地点：宜兰乌石港

常见地点：在台湾地区见于北部及东北部平地至低海拔 10～500 米的山区沟渠、河畔或住宅旁，目前只分布在新北市贡寮、双溪、瑞芳及宜兰头城、员山、五结等地

[故乡在宜兰的可爱"河豚"]

白净浑圆的花序，像是一只气鼓鼓的河豚，模样相当可爱。

故乡在宜兰的风箱树

东北角海岸入口处，巨大的黑色礁石矗立在港口周围。渔船点点，似乎有着说不完的故事，从高山、平原到海洋，串起了宜兰独特的风情与魅力。从高处由上往下眺望，建造在乌石港遗址上的兰阳博物馆被湖水环抱，巨大的乌石礁沉静地坐落在湖泊中央，岸边布满了菱角，几只红嘴黑鹎停留在风箱树上。风箱树的故乡就在这宜兰呀！

濒临绝种的稀有湿生灌木

茜草科约有630属，10,000种以上，广泛分布在热带和亚热带地区，且数量极为丰富，中国台湾有38属。风箱树属是茜草科的一个属，为灌木至小乔木，该属共有17种，分布于美洲和亚洲。属名 *Cephalanthus* 由希腊文 kephalos（意思是"头"）和 anthera（意思是"花药"）组合而成，意指该植物蕊柱的花药部分为头状。

在世界范围内，风箱树只产于南亚与北美，而在中国台湾，也只自生于北部和东北部地区的低洼地区或湿间。在早期的农业社会，铁器是日常生活中的谋生工具，而打铁用的"风箱"就是用风箱树的木材制作成的，风箱树因此成为当时重要的经济作物。随着台湾经济转型，工商业渐渐取代了农业，风箱树的经济地位才渐渐失去。

风箱树多生长在宜兰县境内，性喜生长在沼泽泥岸或田埂沟渠旁。过去，由于农民对此种植物认识不足而未加以保护，错误的政策也导致田埂沟渠全面水泥化，更加深了风箱树的生存威胁，让它成为濒临灭绝的物种之一。

风箱树是台湾稀有湿生灌木，株高可达5米，叶对生，形状似番石榴叶，故过去俗称它为"水芭乐"（台湾地区称番石榴为芭乐）。夏天开花，花色白，多数集结成圆球状的头状花序，像极了绣球儿又好像珠花儿，所以又称"珠仔花"；花朵直径约3厘米，开花时常吸引金龟子、蛾类、蝴蝶，甚至蚂蚁前来觅食，授粉后结出浅褐色球状果实，果囊突出犹如流星锤。花后的结实率并不高，即使有果实生成，多数也都发育不佳或长成畸形，这也是风箱树在野外少见的主要原因之一。

A

B

A[枝叶茂盛神似野生番石榴]
健壮的风箱树枝叶繁茂，叶子像极了番石榴，因此有"水芭乐"之称。
B[风箱树的花苞]
单叶对生，少数 3 枚轮生，呈卵形、长椭圆形，柄红色，托叶生于叶柄间。

142

C[模样可爱的花苞]
风箱树的花苞聚集在一起，形成顶生或腋生的头状花序，像极了一条条活生生的河豚（台湾地区称为吻仔鱼）。

D[人见人爱，连昆虫也被吸引]
开花时会散发特殊清香，香气可传百米之远，常吸引金龟子、蛾类、蝴蝶，甚至蚂蚁前来。

E[花序神似珠花儿，又称珠仔花]
头状花序，花小，无柄，具香味，雄蕊内藏，花柱长，伸出于话筒外，萼片及雄蕊均为 4 枚，像极了插满绣花针的针线包。

F[花期为每年 5 ～ 7 月]
花谢后结出由多数小分果组成的聚合果，每一小分果含种子 1 枚，成熟时开裂，种子先端有假种皮。

耐旱的多肉植物
肉叶耳草

植物小档案

中文名：肉叶耳草
别名：海耳草、滨龙吐珠、双花珠子草、脉耳草
（台湾地区）
学名：*Hedyotis strigulosa* Bartl. ex DC. var.
parvifolia (Hook. & Arn.)Yamazaki
英名：Small-leaf hedyotis
科名：Rubiaceae 茜草科
花期：3月~8月
果期：5月~9月
原产地：中国南部、台湾地区、日本、琉球、印
度、菲律宾

生活中的茜草科植物

　　肉叶耳草喜阳、耐热、耐旱、耐盐、耐贫瘠土壤，有着茎叶丛生的矮小株型、小而多的白色花朵、厚实亮绿的叶片，台湾花莲区你那个也改良场将其改良后作为观叶盆栽植物；其小花纯白洁净、聚生茎顶，盛花期也有观赏价值。在实用方面，茜草科的茜草属、栀子属可做染料，也可做饮料；而金鸡纳属、拉拉藤属、蔓虎刺属、巴戟天属、钩藤属可以做药；龙船花属、玉叶金花属、寒丁子属则可作为观赏植物。

拍摄地点：东北角龙洞

常见地点：在台湾地区见于全岛海滨岩石缝间、裸露的珊瑚礁。离岛龟山岛、兰屿、绿
　　　　　岛亦可见及

[茜草科耳草属，花瓣多为4瓣]
垦丁猫鼻头及北部瑞滨公路海岸沿线，可见到花瓣4～5枚的肉叶耳草，洁白的
小花玲珑纤巧。

一沙一世界

台湾海岸线仿佛一条会呼吸的蓝色丝带。我总以为海洋就是陆地末端，陆地实际上是一些不连贯且不相通的点，而人呢，则只是更为渺小的动物而已。海风带来的飞沙绵密且细致，下一刻当海风吹拂时，那些沙粒究竟会落在何处，无从得知。海岸上，生物碎屑被海水溶解，岩石表面露出一个个密密麻麻的小洞，形成蜂窝状。蜂窝岩经过海水的侵蚀，便形成了风化窗，沙粒被拦阻了下来，径自形成一个小生态，玲珑有致的肉叶耳草静静地窝在一隅。

岩壁上的海瓜子

耳草属在台湾地区也称为蛇舌草属或凉喉茶属，是茜草科下的一个属，为草本、亚灌木或灌木，该属共有约 420 种，主要分布于热带和亚热带地区。耳草属的属名 *Hedyotis* 由希腊文 hedys（意思是"甜美"）和 otos（意思是"耳"）组成，可能意指该植物的叶具有甜味且形似耳朵，此属台湾共有 12 种。

肉叶耳草为台湾原生的多年生草本植物，也是海边岩石上常见的小型植物，在台湾各处海滨岩石缝、裸露的珊瑚礁间常可见其身影，离开滨海区域则不容易见到它的芳踪。性喜生长在炎热且干旱多盐分之地，矮小的身材可抵御强劲的海风吹袭，叶片为了适应海边严苛的环境，也长得小巧厚实且多为肉质，叶片大小与西瓜子很类似，因而又有"瓜子草"之称；叶色翠绿油亮，属于相当耐旱的多肉植物之一。

花期从春季一直持续到夏天，2 ~ 10 朵花聚集于茎顶端，形成圆锥状聚伞花序，有"双花珠子草"的美名。初期花苞为粉红色，小花为纯白色或粉红色；花冠壶形，萼片与花瓣皆为 4 枚，在台湾南北两端或某些区域则罕见地出现 5 枚花瓣的花朵，甚为奇特。花冠喉部有透明的疏柔毛；雄蕊 4 枚生于冠管近茎部；玲珑可爱极具观赏价值。

夏天为肉叶耳草的果期，蒴果扁陀螺形，萼片宿存，子房有 2 室，成熟时不开裂，而是在顶端形成一个小开口，肉眼难窥其内部；每室有 3 ~ 4 粒种子，卵形或三棱形，成熟变干后为黑色，犹如细沙。

A[耐旱的多肉植物]
肉叶耳草为海边礁石上少数可
以存活的特殊植物,多年生,
直立或斜生,茎丛聚,肉质,
椭圆形至长椭圆状倒披针形,
长1～2厘米,无滑。

A

B[为生存而演化出特殊构造]
为应付礁岩地带的恶劣环境，演化出一套特殊的生存法则：叶小避免水分过度蒸发，肉质叶片可增加水分储藏。

C[花期由春天延续至夏天]
肉叶耳草的花色有白至粉红色，花瓣 4 枚，喉部有毛，花朵绽放后闭合并呈紫色。

D[夏天是肉叶耳草的果期]
果近球形，直径约 1 ~ 1.5 厘米，成熟时不开裂。

E[肉叶耳草果实成熟，会在顶端形成一个开口]
子房 2 室，内有种子，每室 3 ~ 4 粒，种子卵形或三棱形，干枯后为黑色。

野牡丹

植物小档案

中文名：野牡丹
别名：不留行、埔笔仔、山石榴、山石流、波
笋盎、王不留、王不留行、糖罐仔、金石榴、
鹧鸪榕
学名：*Melastoma malabathricum*
英名：Common melastoma
科名：Melastomataceae 野牡丹科
花期：5 月 ~ 8 月
果期：7 月 ~ 10 月
原产地：中国南方、台湾地区、中南半岛

台湾原生的野花之王

　　野牡丹素有"王不留行"的称呼，因此可想而知其与保健有着密切的关系。而真正的药材"王不留行"，是另一种石竹科植物的种子，在台湾中药铺中并不多见，所以野牡丹的根成了替代品之一。台湾室内观赏植物中，除了引进的外来植物之外，其余种类并不多见，而原生种野牡丹科植物不仅种类丰富，且耐阴性极强，可作为室内观赏盆栽植物，如台湾特有种台湾野牡丹藤，在室内观赏期可长达 4 个月之久，且成串开花后果实随着成熟度的变化而转变为不同颜色，颇似喜气洋洋的连串爆竹，非常可爱，观赏价值极高。

拍摄地点：屏东哭泣湖

常见地点：在台湾地区见于全岛低海拔山坡的松林或开阔的灌木丛中

[顶生的聚伞花序，花色艳丽]
其花可媲美牡丹，在野地里常被誉为野花之王。

紫色的梦幻世界

黎明，冉冉醒于晨雾中。当微风吹拂过湖面时，水面漾起阵阵波纹，野姜花讲述着排湾族的传说，让人不禁为这片如诗如画的美景所感动。东源湖的湖面升起了雾气，岸边停靠着一艘孤独已久的白色小船，呈现出一种缥缈、凄美、只存在于梦境里的画面。进入村子，沿途开满了野牡丹，似乎与故乡名有了一种契合。

粉娇艳紫的假牡丹

野牡丹科共有约 182 属，4570 余种，分布在热带和亚热带地区，以南美洲种类最多，中国台湾野牡丹属植物共有 4 种。野牡丹属的拉丁属名 *Melastoma Gaudich.* 来自 19 世纪初期西班牙派驻关岛的总督 Jose be Medinillay Pineda 的姓氏。

台湾原生的野牡丹属植物都属于中型灌木，除了野牡丹之外还有多花野牡丹、细叶野牡丹及没有牡丹名的糙叶耳药花[1]。有牡丹之名，必有牡丹之贵气，而野牡丹虽有牡丹风范，却与真正的牡丹没有任何亲缘关系，野牡丹在台湾地区常见于平地及低海拔山区。

野牡丹属于热带灌木，有着大片具有茸毛的绿叶；每年的盛花期为 5 ~ 8 月，自南到北随处都可看到它的踪影。无论是开白花还是紫花，野牡丹总是大而明显，几朵花集结在枝条的顶端，形成短短的聚伞花序，开花期间要发现它并不难。虽然它与"百花之王"牡丹毫无亲缘关系，但远远望去，总让人以为是真正的牡丹花正在绽放呢！

你或许会觉得野牡丹常见而不足为奇，但仔细观察，野牡丹除了有硕大艳丽的花朵外，更特别的是花朵有 2 组长短、颜色都不相同的雄蕊，这 2 组雄蕊的形状仿佛小小的镰刀，以半月形的方式排列于雌蕊下方，不也令人称奇吗？

---

① 耳药花属为野牡丹科的另一个属。——编者注

A[常绿小灌木，株高可达 1.5 米]
茎略呈四棱形，嫩枝、叶片与萼筒密生倒伏状粗毛，叶对生，5 ～ 7 出脉。
B[长势强劲的台湾野花]
野牡丹经长时间演化，适合生长于干旱贫瘠的土壤上，哪怕在岩壁的缝隙里都能存活。

C[花紫红艳丽]

花瓣与萼裂片同数，雄蕊数为花瓣数 2 倍；雄蕊不等长，长者具紫色花药，药隔茎部伸长且先端 2 裂，短者具黄色花药，药隔不长。

D[5 片紫红色花瓣，硕大而明显]

最特别的是雄蕊，10 根雄蕊分为两种形态，长短各一半，花丝具关节，上段成弯钩，形成一大特色。

E[白花野牡丹为民间常见药草]

药理作用胜于野牡丹，因此常受到园艺商或药草商的觊觎，相对影响了它们的生存空间。

F[蒴果壶形，长 1 ~ 1.2 厘米]

外面包裹着宿存花萼，被毛，成熟时由黄绿色转变为暗红色，果熟时不规则开裂；种子数目众多。

散发阵阵幽香的实用植物

鱼骨葵

植物小档案

中文名：鱼骨葵
别名：山棕仔、桄榔子、虎尾棕、黑棕、山
棕（台湾地区）
学名：*Arenga tremula* (Blanco) Becc.
英名：Formosan sugar palm
科名：Palmae (Areacaceae) 棕榈科
花期：5 月～6 月
果期：7 月～9 月
原产地：中国台湾、日本南部、琉球、热带
亚洲

天然的"台湾砂糖椰子"

　　某些棕榈科植物的果实可以榨油（棕榈油），花汁可以制作饮料；蒲葵的大叶子可以制作成大蒲扇、葵笠，棕榈的叶片可以制造绳索、床垫等。鱼骨葵在日常生活中应用相当广泛，如将叶轴割开可制成绳索、棕毛可制成扫帚、刷子，羽状叶也可做扫帚、搭盖凉篷等，在东部地区其叶片也可以作为绿篱起到阻隔的功能。鱼骨葵嫩芽可食，台湾南部与东部的原住民部落里，常有人取食其嫩芽；民间相传砍下鱼骨葵的叶子，削除叶片，碾碎叶柄可制糖，因此鱼骨葵也被称为"台湾砂糖椰子"。

拍摄地点：屏东双流

常见地点：在台湾地区见于全岛海拔 800 米以下的森林中

[花冠呈鲜艳的黄色，雄花萼片较小]
雄蕊花丝细长，夏季开花时期，会自森林底层传来阵阵幽香。

夏日的浓郁香气

初夏来临不久，南部天气便提早进入了盛夏时期，天空被渲染成了一片湛蓝。走在热带季风雨林里，远处流水潺潺，为大地演奏着大自然的交响乐。群山林立，形成一个既神秘又隐秘的地方，没有过多的尘嚣，生物在此尽情且随兴。微风吹拂，空气中弥漫着一股香气，在夏天里，仿佛往人心里注入了一股清凉。想起来了，那是鱼骨葵的花香，就在不远处。更靠近点，香气更加浓郁，但也因为香气过于浓郁，常常让人不敢靠近。

赛夏族的矮灵祭传说

棕榈科是个庞大的家族，生活中常见的槟榔、椰子都属于此科，目前已知棕榈科约有 202 属，2800 余种。此科植物一般茎干直立，不分枝，一般为乔木，少数是灌木或藤本。高耸的树干及巨大的叶片簇生于枝干顶部，构成最明显的特征。主要分布在热带或亚热带地区，以热带美洲和热带亚洲为分布中心。

鱼骨葵为台湾原生种植物，常见于台湾低海拔山区，尤其是温暖潮湿的溪谷或是山麓地带；在森林底层阳光不是十分充足或是较为阴暗的地方，都可以看见它茂盛地生长着。鱼骨葵属的拉丁属名 *Arenga* 源自马来西亚语中对此属植物双籽棕的称呼 areng。

远望鱼骨葵，就可见到非常大的奇数羽状复叶，叶片长 2 ~ 3 米，让人有种看见椰子树的错觉。走近后看，那叶片边缘不整齐的疏锯齿正式公布了谜底——这正是鱼骨葵的特色之一。夏季夜间开花，雌雄同株但不同花序，通常雌花比雄花早一个月开花，开花时会散发浓郁芳香。花谢后结出的果实，是许多野生动物喜食的野果。

鱼骨葵与台湾先住民文化关系相当密切。传说矮人语言与赛夏族人一样，矮人教会了赛夏族人耕种技术及歌谣。然而矮人男性好女色，常欺负赛夏族女子，引发赛夏族男子的愤怒。于是赛夏族男人将矮人回家途中爬上去休息的山枇杷树锯断一半，并以泥巴覆盖遮掩。当矮人回家路过此树时，除了两个老人外，其他矮人都爬上此树坠入溪谷溺亡。生还的两个矮人就边撕鱼骨葵叶子边诅咒赛夏族人，然后离去。这件事之后，赛夏族的作物年年歉收，族人认为是矮灵作祟，于是开始举行矮灵祭以乞求矮灵的原谅，而鱼骨葵就是祭典中不可或缺的植物。

A

B

C

A[常见于台湾低海拔山区]
在温暖潮湿的溪谷或山麓地带阳光不是十分充足或较为阴暗的地方，都可以看见它茂盛地生长着。

B[夜晚开花，散发出阵阵浓郁的花香]
容易吸引昆虫前来，昆虫又会引来青蛙等小型夜行性动物，而小动物则吸引蛇类前来，由此形成了一个生态学上的食物链。

C[雌雄同株但不同花序，具有强烈香味]
多年生常绿灌木，植株高度可达 3 ~ 4 米，在盛花期，特殊的花朵十分显眼。

D

F

E

D[果实可食用但不宜多吃]
没有完全成熟的果实吃了会使人唇舌发涩，体质敏感者更是不宜，会有种嗓子发干的感觉。

E[果实成熟时散发出甜美香味]
常吸引动物前来取食，像五色鸟就很喜欢鱼骨葵的果实。

F[鱼骨葵棕毛可制蓑衣为误传]
鱼骨葵的棕毛纤维短，所以顶多直接用来制作扫帚或刷子，做不成顽长的蓑衣。

小蓑衣藤

植物小档案

中文名：小蓑衣藤
别名：威灵仙、琉球女萎、串鼻龙（台湾地区）
学名：*Clematis gouriana* Roxb. ex DC.
英名：Gourian clematis
科名：Ranunculaceae 毛茛科
花期：4 月～9 月
果期：6 月～10 月
原产地：中国南部、台湾，印度及东南亚地区

人见人爱的药用植物

　　小蓑衣藤属于铁线莲属，台湾铁线莲属植物资源相当丰富，只要经常到郊区或山野林径中漫步，在不同的季节，都可以看到各式各样的铁线莲属植物。在园艺引进方面，长久以来，铁线莲属植物也一直是温带花卉中的宠儿，同时它也可作药用，民间常搭配其他药材来治疗风湿酸痛、跌打损伤及水肿等疾病。

拍摄地点：宜兰北关海潮公园

常见地点：在台湾地区见于各处，从海岸地区到山麓，常见于中低海拔阔叶林下

[没有花瓣，萼片4枚，呈"十"字形展开]

我们看到的"花瓣"其实是萼片，开花时如仲夏夜白色烟花般灿烂。

岩壁乱石之上的生存竞争

六月的台湾，进入了仲夏时节。高温热浪，就连坐着不动时也会让人汗如雨下。海岸吹来了南风，仍然敌不过阳光热情的连续烘烤，马路似波浪持续起伏，路旁是一座伫立于险峻海岸、宛如孤城的城垒。不畏惧严苛环境的南岭荛花就长在岩壁上，一丁点的沙土也让肉叶耳草有了一小片天地；乱石上小蓑衣藤与汉氏山葡萄正相互竞争，究竟谁能争取到更多的阳光？很显然，两者各有其本事。

农业时代的消炎帮手

铁线莲属是毛茛科家族的成员，种类相当多，其中绝大多数为攀缘藤本，有草本，也有木本，只有少数种类为直立小灌木。

农业时代，耕牛在做穿鼻手术后，正式套上铜制或铁制鼻环（俗称牛鼻牵）前，为防伤口发炎，会将小蓑衣藤之藤蔓刮去表皮后充当套环，除可帮助伤口愈合，兼具消炎的效果。待 5 至 7 天后去除，改用金属鼻环。因此台湾地区也称小蓑衣藤为"串鼻龙"。

铁线莲属植物通常花朵大而显眼，花序从单生花到较繁复的聚伞花序、圆锥花序或伞形花序等，各不相同。花蕊外侧只有一层萼片护卫着雌雄蕊，花瓣状的萼片一般为 4～6 片，常带有艳丽的色彩，花心则由多数的雄蕊与多数离生的心皮组成。

A[叶对生，三出复叶或二回三出复叶]
小叶披针形，卵形或卵状心形，掌状分裂或叶缘具疏锯齿，先端锐头，基部圆或心形，表面平滑，叶背有毛。
B[花浅黄色，平展，直径达 2.5 厘米]
特征明显，具有多数的雄蕊和雌蕊，因此，一朵花可以结出多个果。
C[多年生藤本植物，全株被粗毛]
攀缘靠的不是卷须，而是细长卷曲的藤蔓。
D[结果的小蓑衣藤]
果实成熟但尚未离开母体前，经常形成毛毛的果球，挂在高高的枝头上。

全球分布最广的红树林植物

海榄雌

植物小档案

中文名：海榄雌
别名：海茄冬、海茄藤
学名：*Avicennia marina* (Forsk.) Vierh.
英名：Black mangrove
科名：Verbenaceae 马鞭草科
花期：5 月～ 7 月
果期：9 月～ 10 月
原产地：中国、印度、马来西亚、菲律
宾至琉球、日本及澳大利亚热带地区

抗虫害、调节生长的单宁酸

　　过去，我们曾认为红树林是一种红色的树，但其实红树林是一个总
称。海榄雌植物体具有单宁成分，而单宁是植物中常见的一种和植物生
长情形与抗虫害能力皆相关的化学物质。在海榄雌的叶、芽、种子、根、
茎等组织中皆可发现单宁，尤其是维管束里的单宁酸，可调节植物生长。
单宁也大量存在于植物表皮角质层的空腔里，可影响植物新陈代谢，并
有抗菌功能；在医疗上有助于预防心血管疾病，在生活中则可用于制造
皮革、抗腐蚀涂料等。

拍摄地点：台南四草

常见地点：在台湾地区见于新竹红毛港、云林县北港溪、嘉义县东石、布袋、台南沿海、
高雄至屏东县的东港，渔塭、溪沟、河口等沿海盐沼地区

[台湾分布最广的红树林植物]
海榄雌为台湾四种主要的红树林植物中数量最多、分布最广泛的树种，在台南市
的渔塭、盐田、河海交界的潮间带十分常见。

夏之四草，如歌的行板

清晨的四草，天空披着浓厚的云朵。鱼池中央错落的矮房是蓝白两色，让人误以为置身于地中海。绿色的水车咿喔——咿喔——咿喔地撩起白色的水花，如歌的行板唱了一整个清晨。白鹭不时来回拍打着翅膀，时而停伫在水车之上，像低头不语的沉思者。鱼池旁一片绿意盎然，（滨水菜）海马齿与盐定（裸花碱蓬）温柔地环抱整个鱼池。贯穿鱼池的水道上满是绿意，再过去就是台湾迷你版的亚马孙河，还有北汕尾，除了观鸟以外，也是欣赏红树林生态的最佳地点。

与水笔仔、红海榄、榄李撑起红树林

红树林植物生长在热带及亚热带区沿海潮间带的湿地上，分布密度最高的是印度洋和西太平洋的临海地带，并集中在赤道两侧南北纬 0 度至 25 度间。海榄雌为全球分布最广的红树林植物，其地理分布以纬度而言，北半球最北到北纬 27° 的琉球群岛，而南半球的南限则到达南纬 40° 的新西兰北岛，红树林植物有水笔仔、红海榄、榄李及海榄雌等。

海榄雌是马鞭草科乔木，为台湾红树林中数量最多且分布最广泛的树种。海榄雌属的拉丁属名 *Avicennia* 来自阿拉伯医生 Avicenna（980-1037 年）的名字。台湾仅此一种。海榄雌根系分布广，并可固着在松软土壤上生长，呼吸根内部具有通气组织，且每株呼吸根可长达 7 ~ 8 米，使其能获得充足氧气，不致死亡，同时也可在土质不稳固的地区屹立不倒。而翠绿的叶片具有紧密栅状组织，角质层厚，叶背密布由毛状体包覆的盐腺，可把盐分排出体外。

夏季为主要花期，花蕾簇生于花梗的先端，每支花梗上有 2 ~ 12 粒花蕾，以 4 ~ 8 粒居多，十字对生。随着花梗增长，慢慢形成扁平如扇形的两歧伞房花序，黄色小花花瓣 4 ~ 5 枚，看上去精巧可爱。

花朵开放 48 ~ 72 小时后，花瓣反卷，呈深黄色，尾部成黄褐色，此时雄蕊凋萎，呈黑褐色（海榄雌属于雄蕊先熟型）。与此同时位于花朵中央的柱头伸出来，柱头上的裂片展开，开始接受授粉，这时可见到一些授粉昆虫前来拜访。24 ~ 48 小时后，授粉完成，花冠筒掉落，花柱伸出，于是子房开始膨大，发育成圆锥状的幼果。

A

B

A[细长向上生长的棒状呼吸根]
呼吸根源自地下的横行根系，其中具有海绵组织，对植物稳固生长和进行气体交换起到极大帮助。一棵成年树木的呼吸根，以放射状生长可延伸至 8 米长。
B[叶革质，对生，呈椭圆形]
厚厚的皮层可防止水分散失，而叶背面密生的茸毛也有同样作用。

C[花橘黄色，两两对生]
常数朵簇生于枝顶，开花期在每年5～7月，以6月为盛花期。

D[海榄雌的花朵]
无花柄，萼5深裂，花瓣4～5裂，雄蕊4；开放48～72小时后花瓣反卷，呈深黄色，尾部呈黄褐色，雄蕊凋萎，呈黑褐色。

E[果实为蒴果，浅绿色，状似蚕豆]
自然掉落时，果实内子叶与胚茎通常均成长成熟，这类植物被归为隐藏性胎生（cryptic vivipary）植物。

F[花芽初呈小圆粒，通常均为对生]
每节有2～4支花序梗（顶端3～5支），花蕾簇生于花序梗先端，每支花序梗有2～12粒花蕾，以4～8粒居多，十字对生。

貌如其名的空中飞剪

野慈姑

植物小档案

中文名：野慈姑
别名：三脚剪（台湾地区）、水芋
学名：*Sagittaria trifolia* L.
英名：Arrow head
科名：Alismataceae 泽泻科
花期：6 月 ~ 9 月
果期：9 月 ~ 11 月
原产地：中国华东及西南各地、日本

让人回味无穷的天然食材

如今在市场上或许没人知道三脚剪（野慈姑，台湾地区称为三脚剪），但一提到慈姑，年长些的台湾人就很了解了。到乡间传统市场走走，偶尔能见到已处理好准备售卖的慈姑，最大的直径约有 5 厘米。慈姑的传统吃作法就是与鸡肉一起煲汤，风味独特。

拍摄地点：桃园龙潭
常见地点：在台湾地区低海拔水田、沼泽地、沟渠或池塘均可见

[野慈姑的育蕾期]
一颗颗暗紫红色的花苞，很像尚未爆开的爆米花；还没来得及看见花朵绽放，花朵已增大了好几倍。

慈爱的姑姑

泽泻科多为水生植物，这个家族包括 12 属，85 ~ 95 种；广泛分布于世界各地，以北半球温带地区种类最多；绝大部分为草本植物，一般生长在沼泽或水塘中。慈姑属的拉丁属名 *Sagittaria* 由拉丁文的 *Sagitta*（意思是"箭"）和词尾 -aria（意思是"似"）组合而成，意指其叶似箭，此属在中国台湾目前仅有 4 种。

叶片呈箭形，先端尖锐，就像剪刀，故台湾地区称之为三脚剪。古书载："一根岁生数子，如慈姑之乳诸子，故以名之。"其一年当中可连生数根子茎，子茎与母根连在一起，犹如被慈爱的姑母呵护着，所以名"慈姑"。根茎洗净后可煮熟食用，嫩叶用开水烫去苦涩味后可炒食，早年民生困苦，农民常以之为主食，并称之为"水芋"。

水田中的水芋

本种为多年生草本植物，过去在低海拔水田、沼泽地、沟渠或池塘均可见到，近年由于受到人为干扰及环境影响，水田中已很少见到。夏季开白花，总状花序，花茎长可达 40 厘米，有时会在基部分枝，3 ~ 5 朵花轮生，雄花位于花序上方，雌花位于下方；花瓣白色，雄蕊与雌蕊均多数。

成熟的植株在秋天结出果实，可利用种子发芽生长进行有性繁殖，也可利用根茎进行无性繁殖。植株高度可达 80 厘米，结实时，一株约可长出 50 多个聚合果，每一个聚合果内则藏有上百粒瘦果，落入水中可大量萌发，由此进行有性繁殖；而种子萌芽后长出的地下走茎和大量球茎，又可进行营养繁殖，足见野慈姑繁殖能力之强，难怪被农民视为让人头痛的杂草。

A[多年生草本植物]
全株柔软，脆弱易折，茎短，具地下走茎和末端膨大的球茎两种形态。
B[细看慈姑花朵]
雌花，花朵白色，花瓣 3 枚，子房高于花萼、花瓣与雌蕊着生处。
C[花茎自叶丛伸出]
花茎约长 10 ~ 40 厘米，偶见基部分枝，着生 3 ~ 5 轮花，每轮 3 朵。
D[慈姑的果实]
果实为单花聚合果，由小瘦果组成。果实扁球形，淡绿色，小瘦果斜三角形，具翼及喙。

鸡蛋果

植物小档案

中文名：鸡蛋果
别名：百香果、西番莲果、西番果、时计
果、时钟果、时钟瓜、鸡蛋果、洋石榴、
紫果西番莲
学名：*Passiflora edulis* Sims
英名：Passion Fruit
科名：Passifloraceae 西番莲科
花期：6 月～7 月
果期：7 月～11 月
原产地：美洲热带及亚热带地区

深受众人喜爱的酸甜果实

对大众而言，鸡蛋果（台湾地区称为百香果）这名字绝对不陌生。果实纵剖为两半、用汤匙挖出带酸味的假种皮食用，风味清爽芳香。鸡蛋果用途极为广泛，除生食以外，果汁可以添加到一般冷饮或冰淇淋中，使香气大增，风味更为优雅，此外还可做成罐头。百香果属于后熟型水果，自然成熟落地的果实，放置 2～3 天后，香气强度会增加，味道也更为甜美。须注意的是，常温下若失水过多，果皮会渐渐变皱，果肉起发酵作用，使果实重量减轻，风味变差。

拍摄地点：台中市太平市头汴坑
常见地点：目前台湾全岛低海拔的山地林缘常见经过驯化的植株

[清晨遇见鸡蛋果]
清晨阳光最迷人，不强也不弱；圆形花朵也仿佛太阳般迷人，丝状的花瓣看起来就像四射的光芒。

天刚亮,市场里已是人来人往,人声鼎沸,当人们大多还睡眼惺忪时,这里早已开始最具有活力的一天。一位卖水果的阿婆席地而坐,几只尼龙网袋里装着紫色的果实,一旁还用厚纸板写着大大的几个字"野生百香果"(鸡蛋果又名百香果),旁边标着价钱。犹记以前小时候在乡下,野生鸡蛋果很多,随便捡几个回去,经过几天的辞水,切开后散发出酸甘的香气,那熟悉的气味仿佛就在昨日。

西番莲属为多年生草质藤本植物,全世界大约有 400 多个品种,其中有 60 多种可食用。商业栽培品种有紫色鸡蛋果、黄鸡蛋果、甜西番果、黄西番果、大西番果等,其余皆为庭院观赏植物或野生种类,主要见于中国台湾、澳大利亚、巴西、斐济群岛、新几内亚、南非、哥伦比亚、委内瑞拉等。

鸡蛋果原产于巴西,1610 年传入欧洲,传说当时西班牙传教士发现其花部的形状极似基督受难时的十字架刑具——3 裂的柱头极似 3 根钉,花瓣红斑恰似耶稣头部被荆棘刺出血的形象,而 5 个花药为受伤受苦难的象征——于是西班牙人以 *Passioflos* 名之,直译为"受难花"或"苦闷之花"。这种说法也与西番莲属的拉丁属名 *passiflora* 中 passio(意思是"苦难")和 flos(意思是"花")的含义不谋而合。Passion 也有热情之意,故常被称为热情果。日据时代已引进中国台湾,当时沿用日文名 Kudamonotokei,可译为时计果,发音为 Sukeigo。

1901 至 1907 年由日本人田代安定氏自东京石川植物园引进紫百香果,1964 年由夏威夷泛太平洋农场引进黄百香果并进行推广,1967 年台湾农业组织自中南美洲引进 8 个黄果品种,经凤山热带园艺试验分所进行选育比较,选出三种黄色品系。1982 年,凤山热带园艺试验分所以紫百香果与黄百香果进行杂交,育成台湾目前主要的栽培品种"台农 1 号"。

台湾各地低海拔林缘地及阔叶林内几乎都能看见鸡蛋果攀附于树木上的身影。由于鸟类及啮齿类动物喜食其籽而助其传播,目前鸡蛋果已成为低海拔山区常见的野果。

A

B

A[野生鸡蛋果在台湾十分常见]
多年生草质藤本，茎可长达 10 米以上，茎圆柱形，成熟后木质化，茎具细条纹。
B[可供食用，亦是观赏植物]
叶片 3 裂，裂片深浅不一，常裂至叶片 1/2 以上的位置，在叶腋处会长出绿色的卷须，这绿
色卷须就是它攀爬的工具。

C[拉丁文有热情之意，常被称为热情果]
花单生于叶腋，直径可达 7 ~ 10 厘米，不具香味，苞片 3 枚，包被在萼筒基部。一朵花仅
有短短一天的寿命。

D[花朵极美，但果实更受欢迎]
几乎每一种花都有花萼、花瓣和花蕊，但鸡蛋果多了副花冠这种迷人的缀饰。

E[世界上约有 400 多个品种，其中 60 多种可食用]
雌蕊上三个直立状的结构叫柱头，下一层是黄色的雄蕊，舌状花是花冠，一条一条白色的卷
须是则副花冠。

F[台湾目前主要的栽培品种为"台农 1 号"]
果实球形至卵形，成熟时呈红褐色，果皮硬而厚，内果皮白色，我们吃的就是透明的淡黄色
假种皮（包括种子）。

铺满海滨有如绿色浪花

单叶蔓荆

植物小档案

中文名：单叶蔓荆
别名：山埔姜、白埔姜、蔓荆、蔓荆子、海埔姜（台湾地区）
学名：*Vitex rotundifolia* L.
英名：Shrub chastetree、Simple-leaf chaste tree、Simple-leaf shrub chaste tree
科名：Lamiaceae 唇形科
花期：5 月～ 8 月
果期：8 月～ 9 月
原产地：中国南部、台湾地区、日本、琉球、东南亚太平洋热带岛屿

芳香清凉的蔓荆子

　　单叶蔓荆又名蔓荆子。过去渔村居民常饲养鸡鸭，而在鸡鸭孵蛋时，最怕的便是窝里长虫子。村民将成熟的"蔓荆子"果实垫在窝里，因果实中含有芳香油成分，虫子不敢接近，虫虱便不会滋生，这比今天全靠化学杀虫剂环保多了。而在早年渔村传统市场上，也有人贩卖用蔓荆子填充的枕头，号称具有提神醒脑的效果。除了在日常生活中使用，夏季用蔓荆子煮成的凉茶，还有健脑、明目的效用，将蔓荆子的叶片晒干，亦可代替茶叶冲泡饮用。

拍摄地点：高雄旗津半岛
常见地点：在台湾地区见于全岛海滨，从沙滩至岩砾滩皆有其踪迹，种群极为稳定

海边的清新香气

海边的阳光很不一样，映照在沙滩上闪闪发亮。走在沙滩上，随风飘来一阵阵的香气，但那不是人们身上喷洒的名牌香水，也不是百货公司化妆品专柜散发出的气味，而是一直存于脑海里的单叶蔓荆的味道。单叶蔓荆成片成片铺成的蓝紫色花海映入眼帘，让人永远记得那样的阳光和海洋，还有那旅人的脚印。

柔韧的灰绿浪花

唇形科包括90余属，约2000余种，主要分布在全球的热带和亚热带地区。而牡荆属（*Vitex*）包含约250个品种。单叶蔓荆被归为牡荆属（*Vitex*，又名黄荆属），*Vitex*为该植物的传统拉丁语名称；另一种说法认为拉丁属名源于vieo（意思是"缚"），因该植物的枝条颇为柔软，可当作绳索来用。种加词*rotundifoliua*意思是"圆叶的"，意指该植物具有圆叶。产于中国南部、台湾地区、日本、琉球、东南亚太平洋热带岛屿，生长于礁岩、河岸、沙滩及疏林。

在台湾海岸线中最常见的植物莫过于单叶蔓荆。因其垂布如蔓、柔枝耐寒，所以称为"蔓荆"。单叶蔓荆为半落叶性小灌木，具有节上生根的能力，茎匍匐于地面，可延伸数米，但高度通常仅数十厘米。由于叶片表面呈现有光泽的绿色，并散布灰白色斑点，所以看起来有点灰绿色的感觉，像极了严寒的冬天清晨植物体披上一层白霜的特殊现象。

单叶蔓荆常见于海滨地区，沙滩、礁岩上分布广泛。触碰到叶片，一阵阵由叶子所散发出的香气随之而来，这也是大多数唇形科植物的特色之一。然而"香"与"臭"的界线似乎因人而异，大致说来，对多数人而言，单叶蔓荆叶片所散发出的味道，都可以称之为香味。

A

A[因垂布如蔓、柔枝耐寒而得名的蔓荆]

牡荆属是一类广泛分布在热带地区的植物，多数生长在海边沙地上，不小心碰触到它，还会散发出淡淡清香呢!

B[艰难的生存环境]

植物茎匍匐于地面，并从节上长出不定根，固定于地表，就连珊瑚礁及风棱石上都有它的踪影。

C[沙地上成片的蓝紫色花海]

4 月底至 6 月前到海边走走，一大片紫蓝色的花海，肯定不会让你失望。

D[夏季单叶蔓荆壮丽的蓝色花]

花序为总状花序，顶生或腋生，有时由数枚总状花序组合为圆锥花序，花朵密集生长于枝条顶端。壮观的花海为炙热的夏季注入一股清凉。

B

C

D

E[台湾的海岸线上最常见的植物]
花蓝紫色，花萼杯状，顶端有 5 个浅裂缝，里面光滑，外面布有密密的白色茸毛；花瓣 5 枚，尾部则为二唇状；雄蕊 4 枚，深入花冠筒之中。

F[果实具有芳香油成分，古时曾用来驱虫]
牡荆属植物的果实都是核果，单叶蔓荆在春末夏初开花，盛夏结果，开花之际颇有一番风情。

G[夏季可当饮料饮用，提神醒脑]
核果为扁球形，包裹在宿存的花萼中成长，成熟时颜色由橄榄绿色转为红褐色。

Volume 04 ——秋

国宝级的全寄生植物

多鳞帽蕊草

植物小档案

中文名：多鳞帽蕊草
别名：帽蕊草、菱形奴草（台湾地区）
学名：*Mitrastemon yamamotoi Makino* var.
kanehirai (Yamamoto) Makino
科名：Rafflesiaceac 大花草科
花期：10 月～11 月
果期：11 月～12 月
原产地：中国台湾

生存之"盗"

　　全寄生植物全株几乎不具有叶绿素，完全寄生在其他植物上。在中国台湾，全寄生植物包含桑寄生科、蛇菰科、列当科等约 35 类植物。寄生植物有个共同特征是叶子均退化成细小鳞片状，同时以吸器穿透寄主植物的保护层，掠夺其养分和水分。在生态系统中它们属于掠夺者，常危害寄主植物，与人类经济利益相冲突时，它们常会惨遭清除。

拍摄地点：南投莲华池
常见地点：在台湾地区分布于中北部中海拔山区，仅见于南投县莲华池特有生物中心及
　　　　　东眼山国家森林游乐区

[无叶绿素的全寄生植物]
多鳞帽蕊草为半透明的水晶玉石色泽，并无一般植物所具有的叶绿素，故养分全
部依靠寄主根部供应。整个植物体如一个站着待命的小奴，模样相当可爱。

国宝级植物

　　1924 年 10 月，日籍森林学者金平亮三博士在南投莲华池发现一种寄生植物附着在一株树龄很高的单刺槠根上，于是将样本交给植物学家山本由松教授进行研究，山本于翌年在日本东京学术期刊《植物学杂志》上发表关于台湾大花草科新种的论文，并将其学名拟定为金平氏帽蕊草。1928 年植物学家牧野富太郎博士将之并入已在日本发现的帽蕊草的一个变种，学名更改为多鳞帽蕊草，沿用至今。

　　帽蕊草属在分类上归为大花草科，迄今为止，全世界已知的帽蕊草仅有两种，包含两三个变种及美洲帽蕊草。帽蕊草属的拉丁属名 *Mitrastemon* Makino，由希腊文 mitra（意"无边帽"）和 stemon（意"雄蕊"）组成，意指其雄蕊的花丝合生在一起，好像帽子。日语中称帽蕊草为奴草，可能因整个植物体如一群站着待命的小奴而得名。

　　在中国台湾，多鳞帽蕊草在 IUCN 物种保护评估表上被列为严重濒临灭绝的特有种植物。日据时期在南投莲华池发现多鳞帽蕊草后，1925 年这种珍贵植物被列为"天然纪念物"物种，此后在别处并没有人再发现。八十年后，2004 年 10 月 22 日，新竹林区管理处国家森林两位解说志愿者及中兴大学植物系一位姓萧的副教授，于桃园县复兴乡东眼山国家森林游乐区发现这种植物，这里成了多鳞帽蕊草的第二个天然分布点。

　　多鳞帽蕊草是全寄生植物，每年 9 月初开始重新萌芽，花期在 10 ~ 11 月间。花为两性花，雄花先于雌花成熟，散播花粉后随笔筒型花冠脱落，避免自花授粉。11 月中旬以后植物体渐渐变为焦黑色，同时枯萎，从而完成一个生命周期。

A[全世界已知的帽蕊草仅有两种]
多鳞帽蕊草通常寄生在壳斗科植物的根上，常与寄主完全结合为一体，属全寄生植物。
B[雄蕊的花丝合生，好像帽子]
株高 1.5 ～ 2 厘米，直立，呈四棱状倒卵形，不具有叶绿体，根茎粗短　不分枝。

C[学者为一睹其真面目，常不远千里而来]

多鳞帽蕊草生长期，鳞片叶交互对生，共排成 4 列，每列有鳞形叶 3 ~ 4 枚。

D[花为两性花，雄花先于雌花成熟]

雌花期鳞片叶随之展开，下半部子房膨大，上部粉红色环状物为花柱，最上端为柱头。

E[生命周期的结束]

花谢后的多鳞帽蕊草。植物体慢慢变成焦黑色并枯萎，然后完成一个生命周期。

F[濒临绝种的珍贵植物]

雄花期鳞片叶展开，下半部雄蕊筒直立，上部花药带围绕成环。随着时间增长，雄蕊筒脱落，进入雌花期。

高山上的细致繁雪

台湾小米草

中文名：台湾小米草
别名：玉山碎雪草、玉山小米草（台湾地区）
学名：*Euphrasia transmorrisonensis* Hayata
科名：Orobanchaceae 玄参科
花期：6 月～ 12 月
果期：9 月～次年 3 月
原产地：中国台湾特有种 (Endemic Species of Taiwan)

玄参科的著名中药材

　　台湾小米草属于特有保护物种，为重要的高山观赏野花。台湾产的玄参科植物中有一些寄生的草本植物，给当地的农作物造成极大损害。例如台湾南部地区会给甘蔗造成损害的"独脚金"。而在高山地区，这些植物的花朵却会带来不一样的风景。

拍摄地点：桃园许厝港

常见地点：在台湾地区见于中部、北部、南部海边沙地及低海拔开阔地及农田，亦分布
于离岛澎湖及金门烈屿

[名字源自希腊文中的"喜悦"一词]
花小，色泽抢眼，二唇状的上唇帽状斜上，犹如披着一件紫色的小披肩，下侧则
搭配白色裙衣，细纵纹间点缀着黄色斑块，十分优雅。

190

带来愉悦的高山碎雪

玄参科为玄参目的一科，有 200 余属，3000 余种。此科植物分布广泛，主要生长于欧亚大陆的温带地区，以及南美洲、北美洲、澳大利亚、新西兰、热带非洲。小米草属约 150 种在北半球，如澳大利亚、南美洲等寒冷地区及东南亚高山与亚高山地带，4 种分布在中国台湾海拔 1100 米以上的高山上。小米草主要生长在山路边坡或较潮湿的林道旁，属名 *Euphrasia* 源自希腊语的"喜悦"一词。

体形虽小，花朵却极其亮丽

台湾小米草因种子细如小米而得名，为台湾小米草属植物中的特有种。大部分产于海拔 2000 ~ 3000 米以上的高山地区，仅少数出现在海拔 1000 ~ 2000 米的山地。台湾小米草与同属的其他物种相比，属于较原始的物种，植株小、花朵小，花径最宽处仅约 1 厘米，但花朵却相当抢眼，且花期长、花数多，在高山地区具有很高的观赏价值。如梦似幻的花朵很是迷人，仿佛来自天堂，而就花本身而言，花瓣上的黄色斑块，则是引导授粉昆虫的重要标志。

A[花期长、花数多，花朵十分抢眼]
花期延续半年以上，从 6 月至 9 月花朵连续不断。

B[花瓣上的黄色斑块，为指引授粉昆虫的重要标志]
曙光乍现后的一个小时，在阳光下，白色唇形花成群绽放，极为绚丽夺目。

C[模样可爱，仿佛来自天堂的花朵]
花冠呈二唇状，上唇帽状斜上，外侧紫红色，反卷，下侧 3 中裂，各裂片先端 2 浅裂，白色，
具黄色斑块与细纵纹。

D[台湾小米草因种子细如小米而得名]
半寄生的多年生小型草本植物，多生长于阴湿地或小泽帝，为夏季的青山铺上了一层白雪。

满坡芬香的高山植物
牛至

植物小档案

中文名：牛至
别名：台湾五香草、台湾牛至、小叶薄荷、土香薷、野荆芥、满坡香、山薄荷、滇香薷、野薄荷（台湾地区）
学名：*Origanum vulgare* L.
英名：Common Origanum
科名：Lamiaceae 唇形科
花期：7 月～ 9 月
果期：8 月～ 11 月
原产地：欧洲、亚洲、非洲等温带地区

可驱蚊的芳香药草

　　高山植物多属保护类，严禁采集，但特殊情况下，也可将牛至作为薄荷的替代品。疲劳时，采撷一把叶子，搓揉一下，凑近鼻子闻一闻，具有提神解乏的功能。被蚊虫咬伤，将牛至敷在伤口上，可消痒止痛；用干株焚烧，亦可驱逐蚊虫。牛至含有比一般薄荷含量高的薄荷脑，欧洲药典中记载，可使用牛至与胡椒薄荷调制薄荷精油。此外，可趁新鲜用整株或数片叶片，加柠檬冲泡成茶饮。

拍摄地点：合欢山奇莱步道

常见地点：在台湾分布于全岛约 2600 ～ 3800 米高海拔山区，生长在山坡草地旁、碎石
　　　　　坡或林缘，散生或群生

[拥有美丽神话之名的芳草植物]

阳光照拂下，高山上的天空湛蓝无瑕，很容易造成过度曝光，适时地减少曝光会
让画面更为饱满与清晰。

希腊神话中，冥王哈迪斯掳走收获之神德墨忒耳的女儿珀耳塞福涅为妻，不多不久后又爱上了仙女门塔（Minthe），冥后珀耳塞福涅因嫉妒，一气之下将门塔变成一株薄荷，生长于地面上任人践踏，据说这就是薄荷的由来。牛至以往因被鉴定为台湾特有变种植物，而常被称作"台湾野薄荷"，后来才被定为广泛分布于温带地区的牛至，不变的是叶片仍具有类似薄荷的淡香。

野薄荷属的属名 *Origanum* 来自这类植物的传统希腊语名称。在台湾主要分布于中高海拔地区，性喜充足的阳光，生长在山坡草地、碎石坡或林缘草丛上，散生或常生长为小面积群落。有趣的是，唇形科的牛至虽然在台湾称为"野薄荷"，却并非薄荷属（*Mentha*）家庭成员。而牛至这个名字则让人联想到一种香草植物"马郁兰"，其味道也更像马郁兰的香味。

每年的 4 月到 5 月，牛至从地表萌发新芽后开始成长，成熟植株高度不及60 厘米。7 月至 9 月花开如毯，让碎石坡开始呈现张力；伞状圆锥花序中一朵朵淡紫色的花朵，具有很高的观赏价值。进入结果期，果实逐渐成熟后，植株地上部分逐渐凋零枯萎，随即进入漫长的等待。

A

A[7 月至 9 月可见花朵盛开，如花毯一般]
花是夜洒下的精灵种子，在一夕间变成了花地毯。碎石地上于是开始呈现出张力，有了不一样的生机和遍野芬香。

196

B

C

B[性喜充足的阳光，生长在山坡草地旁]
多年生直立草本植物，茎密被短毛，四棱，株高 30 ~ 60 厘米，性喜充足的阳光。
C[芳香疗法必备的清凉香花]
伞状圆锥花序，花冠筒状，先端二唇形，下唇 3 中裂，淡紫色至近白色，花朵小苞片与萼筒
常呈暗紫红色。

D

E

F

D[细致的淡紫色花朵]

夏季开花，花小而多，每朵小花都像一只嗷嗷待哺的小鸟，相当特别。

E[轻轻一闻便可提神醒脑]

牛至与薄荷都属于唇形科，但不同属，之所以称为野薄荷，应是具薄荷清香气味之故。

F[从花朵到果实，各有用处]

8月至11月间果实成熟，小坚果4枚，卵形至长椭圆形，深藏于宿存萼片中，难窥见其秘密。

蝴蝶和鸟类华丽的食物

阆阚果寄生

植物小档案

中文名：阆阚果寄生
别名：大叶枫寄生、显脉木兰寄生、大叶桑寄生
（台湾地区）
学名：*Taxillus liquidambaricolus* (Hayata) Hosok.
英名：Sweetgum-loving Scurrula
科名：Loranthaceae 桑寄生科
花期：8 月 ~ 9 月
果期：9 月 ~ 10 月
原产地：亚洲热带地区

蝴蝶和鸟类的华丽食草

　　阆阚果寄生是多种蝴蝶幼虫，如红肩粉蝶、红纹粉蝶、闪电蝶等的食物，也是许多鸟类的食物。同时阆阚果寄生也是一种常见的草药，香港人喜欢煲汤、喝茶，坊间流行一道养生糖水"桑寄生莲子蛋茶"（阆阚果寄生在台湾地区称为大叶桑寄生）；使用的材料非常简单：从中药行购买果寄生数十克，加上莲子、鸡蛋、水和冰糖一起煲煮，15 分钟后捞起鸡蛋，余下的继续煮 40 ~ 45 分钟，直至果寄生出味，捞起所有配料，往锅内加入酌量的冰糖，煲至冰糖溶化，再把鸡蛋放回锅中，就成了港式的"桑寄生莲子蛋茶"。

拍摄地点：台中东势林场

常见地点：在台湾地区见于各低中海拔阔叶林中

[香港人常食用的桑寄生莲子蛋茶便是用其制成的]
八九月是阔阔果寄生的花期，显眼的大红色加上龙头般的花冠，非常喜气。

200

　　桑寄生植物主要分布于热带、亚热带地区，多数以啄花鸟类为传播媒介。台湾桑寄生植物的传播与啄花鸟类的食性有着密切的关系，分布与物候特征均受其影响，再加上寄主十分多样，从裸子植物到被子植物、乔木、灌木到藤木都有，甚至还有重寄生现象，因此台湾所产的桑寄生种类差异非常大。目前台湾所产的桑寄生植物共分 4 属，18 种，其中有 1 种二级珍稀物种及 2 种三级珍稀物种。

　　桑寄生在植物分类上自成一科，称为桑寄生科。"桑寄生感桑气而寄生枝节间，生长无时，不假土力，夺天地造化之神功。"桑寄生为半寄生植物，除了会吸食寄主植物的养分、水分外，因其本身也具有叶绿素，所以在寄主植物供应的养分不足时，也能自身进行光合作用制造养分来加以补充。

　　盛夏至秋天是桑寄生开花的季节，大多数时间我们很少能轻易发现它们，因为它们总是生长在树梢，等到发现一地的落英，我们才会惊觉桑寄生已经恣意地在树梢上蔓延；花朵似一袭红袍，再加上合为一体的花冠，相当特别。

　　整体而言，除少数桑寄生依靠"特约"的寄主和特定鸟类传播外，多数桑寄生对寄主或鸟类并没有专一性。桑寄生主要依靠鸟类来繁殖，最常见的是红胸啄花鸟、绿啄花鸟，偶尔还有冠羽画眉等。美味的果实上具有黏性物质，鸟类吃下去后不易分解，常常粘在鸟的屁股上，鸟会因此在其他树木枝干上摩擦屁股，种子就寄生在那里生根发芽，形成新的植物体。

A[树上的假鸟巢]
经过秋天的洗礼，远远望去，空荡荡的枝条上出现了几个"鸟巢"，这就是桑寄生的杰作。
B[桑寄生植物主要分布于热带、亚热带地区]
枫香枯黄的叶片中，怎么会出现一丛一丛绿色的叶子呢？看到了吧，它就是桑寄生！

C[半寄生植物，自身也能进行光合作用]

桑寄生常生长在树梢上，与其他植物混生，因此很难发现。从高处俯瞰其开花壮观模样，是一种很特别的际遇。

D[盛夏至秋天是桑寄生开花的季节]

3 ~ 4 朵形成聚伞花序，龙头般的花冠朝不同的方向飞出，形态相当独特。

E[藏匿在落叶之中的娇客]

红色的花朵点缀在枯黄的叶片中间，这时抬头寻找，就能发现它的存在。

F[桑寄生主要依靠鸟类来繁殖]

果实为浆果，鸟类食用果实后，不易分解的黏性物质粘在鸟的屁股上，因而鸟会在其他树木枝干上摩擦屁股，由此将种子传播出去。

秋日的雪白五角星

白花丹

植物小档案

中文名：白花丹
别名：乌面马（台湾地区）、白花藤、白花谢三娘、
天山娘、一见不消、照药、耳丁藤、猛老虎、白花
金丝岩陀、白花九股牛、白皂药，白雪花、山波苓、
照药根子、一见消、黑面马、火灵丹、假茉莉、猛老虎、
白花岩陀、锡兰蓝雪、小鸡髻
学名：*Plumbago zeylanica* L.
英名：Ceylon Leadword
科名：Plumbaginaceae 白花丹科
花期：10 月～次年 3 月
果期：12 月～次年 4 月
原产地：印度、斯里兰卡，1645 年由荷兰人引入中
国台湾

白花丹家族在变身

　　白花丹家族除了野外的白花丹外，园艺栽培上还有蓝花及红花的品
种，淡淡的蓝，给人一种优雅娴静的气息，而喜气洋洋的红色更是少见
的品种。这几个品种虽然是同一家族成员，但却于不同季节开花，从春
天的红、夏天的蓝，到秋天的白，每个季节都带给人一种视觉上的宴飨。

204

拍摄地点：高雄寿山

常见地点：在台湾地区见于各低海拔灌丛及坡地，多生于气候炎热的地区，常见于阴湿
的小沟边或村边路旁开旷地带，离岛金门及澎湖亦有。

[台湾地区也将其称作乌面马]
说是"乌面"，其实全株上下找不着一丝墨黑，反倒是五角星般的雪白花朵随风
轻曳，极其美丽。

说是秋天，在台湾南部却丝毫没有一点秋意，反倒还多了点热情。乍看白花丹，蔓状的身形很像茉莉花，不同的是，它那雪白的五角星形花朵非常洁净，迎着秋风摆荡摇曳，身姿清秀美丽。

治疗跌打损伤的外科妙药

白花丹科包括 24 个属，约 800 余种，广泛分布在世界各地，台湾原生种仅有 2 个属的 3 种植物。白花丹属的属名 *Plumbago* 来自这种植物的希腊名称，由 plumbum（意思是"铅"）与词尾的 -ago（意思是"特性"）组合而成，意指其具有去铅毒的特性。种加词 *zeylanica* 意思则是"锡兰的"，因此白花丹又称"锡兰蓝雪"。模式标本采自印度。

据古代医典记载："白花丹为外科跌打要药，因其汁液有刺激皮肤作用，故皮肤嫩弱者敷贴过久，即呈黑瘀色，如皮下溢血状。"有趣的是，昔日在台湾，无赖之徒逞凶斗狠后，往往故意敷此药染黑皮肤，用以诬赖对手。所以过去白花丹俗称"黑面麻"，"乌面马"之名，想必是口耳相传产生的误传。

过去，许多人以为白花丹是台湾原生种，而根据文献记载，可能是 17 世纪时随着荷兰人的殖民而进入中国台湾的。

[白花丹在野地是一种适应力很强的植物]
花萼表面密生的黏毛，是白花丹种群扩散的秘密武器。

A[盛花期在秋天，绽放时十分美丽]
白花丹乍看很像常见的半蔓生性茉莉花，因此常被栽植为庭园观赏植物。
B[清凉秀丽的蓝雪花]
开蓝花的白花丹又名蓝雪花。看到花就会明白它何以有如此美名：浅淡的蓝，给人一种优雅娴静的气息，花朵在夏天盛开，在炎热的天气中更显清爽。
C[在春季至夏季绽放，更显艳丽]
紫雪花不开紫花，而是披着一袭艳红衣裳。原产于中国大陆及马来西亚，为近年来台湾引进的药用花卉之一。花朵于春季至夏季盛开，在春寒乍暖时显得热情无比。

美丽端庄有如新娘捧花
糯米条

植物小档案

中文名：糯米条
别名：六道木、阿贝利亚、台湾糯米条（台湾地区）、糯米花、华六条木、福建六道木、华南六条木、糯米团
学名：*Abelia chinensis* R. Br.
英名：Taiwan abeli
科名：Caprifoliaceae 忍冬科
花期：9 月～11 月
果期：10 月～次年 1 月
原产地：中国福建、台湾、广东、云南、贵州、浙江、广西、四川、江西、湖北、湖南等地

令人联想到吃的植物

　　关于"吃"这件事，坦白说，我总觉得只要吃得巧、吃得舒服就行，不用山珍也不用海味，吃一顿饭开心最重要。我喜欢小吃，但却不喜欢小吃店里人挤人的感觉，这是一种很矛盾的心态。而当我看见糯米条这种植物时，就会自然想到糯米炸。

拍摄地点：南投特有生物中心

常见地点：在台湾地区见于东部太鲁阁及天祥一带的岩壁上

[数量稀少，被列为保护植物]
花朵具有淡淡的芳香，花蕾呈桃红色，仔细看，花朵总是成双成对地绽放。绽放时花朵为白色，加上 5 枚萼片，像新娘捧花一般华丽。

花萼似糯米

1998 年根据基因亲缘关系分类，单独分出了北极花科（Linnaeaceae），此科仅有 5 属，约 36 种，主要分布于东亚和北美的温带地区，2003 年经过修订，更名为忍冬科。六道木属的属名 *Abelia* 源自英国医生 Clarke Abel（1780 ～ 1826年）的姓氏。"阿贝利亚"之别称，由拉丁属名的音译而来。

糯米条于 1918 年由日本学者早田文藏氏发表为新种，命名为 *A. ionandra* Hay，并且强调台湾的种类叶先端三角状锐尖，有别于大陆种类叶先端渐尖或长渐尖，但因叶片形状极易受到生长环境影响，因此将台湾与大陆的种类视为同一物种。由于科属的复杂变化，前后共变更过八次学名，近年才正式命名为目前使用的学名。

"糯米条"因花朵脱落后萼片的形态似糯米团而得名。六道木属台湾仅此一种，每年的 9 月到 11 月是主要花期，未开花之际，花苞为桃红色，接着成双成对的白色花朵开始绽放，营造出一种浪漫的氛围。

糯米条花谢之后，会残存硕大的萼片。绿色的萼片乍看很容易让人误以为是"绿色"的花朵。仔细看，繁华褪尽之后，仅存的萼片也可以呈现另一种美。

A[成为最佳配角的朴素绿叶]

单叶对生，叶卵形至长椭圆形，先端锐尖，基部圆或钝，叶缘微锯齿或疏生钝锯齿。

B[9 到 11 月为花期，花朵素雅清香]

花白色，花瓣 5 枚，喉口具毛，雄蕊 4，柱头单一，子房下位，花后萼片增大，约与果等长。

C[因萼片形态似糯米团而得名]

果实纺锤形，长约 5 毫米，具短柔毛，先端有残存的萼片。长条形的萼片集中在一起，是不是很像糯米条呢？

竹叶兰

植物小档案

中文名：竹叶兰
别名：苇草兰、鸟仔花
学名：*Arundina graminifolia* (D. Don) Hochr.
英名：Bamboo Orchid
科名：Orchidaceae 兰科
花期：4 月~ 10 月
果期：9 月~次年 3 月
原产地：中国台湾、亚洲大部分地区、大洋洲。

曾经繁盛，如今濒临灭绝

竹叶兰在东南亚地区是常见的兰花，在夏威夷甚至成为当地的野生兰花。过去在中国台湾，也曾拥有成片竹叶兰的繁盛景致，现在却让人唏嘘。我们究竟对土地做了什么，何以如今在野外难得一见？目前，竹叶兰已被国际自然及自然资源保护联盟评估为濒危（Endangered）等级。竹叶兰常被用于切花花材，多自东南亚进口；国内除了少数植物保护机构外，偶见民间栽培，只可惜可能也是自东南亚进口，并非台湾本土种源。

拍摄地点：新北市贡寮区

常见地点：在台湾地区中北部海拔 400 ~ 600 米的路旁向阳地偶可见之

[宿根兰花，为地生兰]
茎丛生且直立，多节如菁草，叶如竹叶；竹叶兰杂草状的外观，跟人们印象中的
兰花有天壤之别。

田地边的野生兰花

无论走在何处，总喜欢与地方耆老闲聊，而话题通常围绕着植物。那些在土地上默默耕耘数十载的长辈口中说出的每一句话，都会重现历史时刻。在北部，八十多岁的阿伯半眯着眼说，在四五十年前，在田地旁有大量野生的竹叶兰种群，那时阿伯不知道它是兰花，只觉得它长得高大，很像菅芒，后来随着农药大量使用及土地开发，竹叶兰慢慢消失了……

诗人眼中高雅的兰花

"一片青山一片兰，兰芳竹翠耐人看"、"有节有香有骨，任他逆风严霜，自有春风消息"，这是清代郑板桥所写的咏竹叶兰品格的题画诗。兰花总让人产生做人要像兰花一样幽静、持久、清香、不浮不躁的联想。

竹叶兰属植物广泛分布于亚洲大部分地区及大洋洲。台湾仅此1种。竹叶兰属的属名 *Arundina* 来自希腊语 arundo，意指其生长的样子很像芦竹。种加词 *graminifolia* 意为"禾草形叶子的"。

竹叶兰最先发现于尼泊尔，1825年大卫·唐（David Don）根据从尼泊尔采集的植物标本，对竹叶兰进行了描述。同年，卡尔·布卢姆（Carl Blume）建立了竹叶兰属，此属植物大概有8种，分布很广泛，从尼泊尔、斯里兰卡、泰国、老挝、越南、柬埔寨到中国、日本、马来西亚都能见到其踪迹。在中国台湾野外采集标本的记录截止于1938年，此后，野外已少见竹叶兰的踪影。

竹叶兰属植物多为地生兰，植株高大，可达1.5米。因其体形大，形似芦苇，台湾地区称之为"苇草兰"；也因叶形似竹叶而有"竹叶兰"之称；因花神似鸟儿，又叫"鸟仔兰"。

花序生于茎顶，依序绽放，花红紫色或近白色，花形大，有时直径可达10厘米；颜色鲜艳，带有淡淡香气，颇有小型嘉德丽亚兰之华美，相当耀眼夺目。秋后，果实成熟，种子四散抛落，残存的果实如一盏盏小灯笼随风摇曳。

215

[竹叶兰的植株]
植株成熟后，会在茎节处长出新芽，新芽生根后，即可摘下繁殖新株。

A[清雅高洁，兰之姿态]
总状花序顶生，具有三角形苞片，花 5～9 朵，逐次开放（每次一朵），红紫色或近白色。
B[花形犹如鸟儿展翅]
因形似鸟儿而得名鸟仔花，花色颇有嘉德丽亚兰之华美，虽然小得多，但也不失兰花风范。
C[浅粉红色的花朵]
紫红色唇瓣卷成筒状，边缘呈波浪状，中间有黄色龙骨状凸起。
D[五棱柱形的蒴果]
长约 10 厘米，成熟裂开，具有薄翼的种子随即散出，残存开裂之果实犹如小灯笼。

珍稀的台湾原生种植物
绵枣儿

植物小档案

中文名：绵枣儿
别名：山大蒜、地兰、仙簟、地枣儿、地枣子（台湾地区）
学名：*Barnardia japonica*
科名：Liliaceae 百合科
花期：8 月 ~ 10 月
果期：9 月 ~ 11 月
原产地：中国东北、四川、华中、云南、广东、江西、华北、江苏、浙江以及台湾地区、俄罗斯、朝鲜、日本

大名鼎鼎的百合科家族

　　百合科最有名的成员大概是我们生活中常见的百合。中国台湾共有 6 种，其中以台湾百合最为人熟悉，而花色最娇艳的则莫过于"艳红鹿子百合"。百合的价值不仅在于观赏，其球茎富含淀粉，部分品种可作为蔬菜食用，如兰州百合个大、味甜，既可作点心，又可作佳肴。百合花外表高雅纯洁，素有"云裳仙子"的美名，天主教以百合花为圣母玛利亚的象征，而梵蒂冈将百合花作为民族独立、经济繁荣的象征，并把它列为国花。百合的球茎由鳞片环抱而成，在古代亦有"百年好合"之意。此外，台湾先住民鲁凯族用佩戴百合花来寓示男子狩猎丰硕及女子的贞洁。

拍摄地点：东北角野柳

常见地点：在台湾分布于北部海拔 700 米以下地区，常见于海滨地区，离岛金门亦常见

[娇美的"云裳仙子"]

海天一色的背景下，呈现出具有风化纹的焦黄色彩，像个婀娜多姿的女性，轻盈柔美，随风摇曳，娇艳动人。

海的联结

海洋，给人辽阔的感觉。海浪在岸上恣意侵袭，力竭了，泡沫是它片刻瘫痪时的吐气，随即又转头离去，年复一年，日复一日。陆地对此毫无怨言，以宽容平坦的沙滩、倔强的礁石、繁茂的生物，承受海洋掠夺去然后又抛掷回来的有机物和无机物。海洋与海岸，建立起一种缠绵的互惠关系。沿着海岸，路走长了，你会发现每种花各有迷人风采，就像绵枣儿这种看似平凡无奇的野花，也如此娇艳动人。

似韭似蒜又似兰

绵枣儿属为百合科（Liliaceae）的一个属，为多年生球根植物；不到 100 种，主要分布在欧洲、亚洲、非洲的温带和热带山区。生长于森林、沼泽和沿海地带，多数在春季开花，也有少数品种在秋季开花，花色有蓝色、紫色、白色及粉红色；果实为蒴果，种子细小、黑色。绵枣儿属又称海葱属，拉丁属名为 *Barnardia*，中国台湾原生仅此 1 属 1 种。

绵枣儿之名，总给人带来莫大的想象空间，因小球茎形似枣，压碎产生的黏液有点丝绵的感觉而得名。也有地枣儿、地枣子之别称。原产于中国大陆东北各省和台湾，以及俄罗斯、朝鲜半岛、日本，地理分布上以中国台湾为最南界，在台湾主要分布于北部海拔 700 米以下的地区，常见于海滨，离岛金门亦常见。

绵枣儿为抵抗海风，植株低矮，基生叶狭长线形，叶面平滑，正面微凹，似韭似蒜又似兰，也称作"山大蒜"或"地兰"。花开于夏末秋初，花葶长，直立或斜倚，长可达 45 厘米。花序长度约为花茎的一半，由 20 ~ 80 朵紫色小花组成总状花序，由下而上依序绽放，甚为美丽。绵枣儿多开紫色花朵，偶尔可见到白色花朵，显得弥足珍贵。

生长在海岸线的绵枣儿唯一的缺点是花期短，仅有两个月时间，在台湾虽未列为稀有植物，但因分布狭窄，也算是较稀有的一类植物。秋初旅行到东北角，不妨留意一下海岸边的礁石，若是遇见一串串亭亭玉立紫花，那肯定就是它了。

A[也称作山大蒜或地兰]

多年生草本，叶基生，狭线形，平滑，正面凹；地下鳞茎卵球形，下部有短根茎，其上生多数须根，鳞茎片内面具绵毛。

B[珍稀的台湾原生植物]

绵枣儿为多年生草本，植株高 15 ~ 40 厘米，有两种花色。

C

E

D

F

C[细小可爱的紫花]

花序密集生长，由多数小花组成；花小，直径 0.3 ~ 0.5 厘米，紫色或粉红色。

D[夏末初秋短暂的美丽]

花茎比叶片先长出，直立或斜倚，长 30 ~ 45 厘米，花序长度不到花茎的一半，由 20 ~ 80 朵花组成总状花序。

E[多开紫花，白花罕见]

偶可见罕见的白花，苞片线状，花瓣 6 枚，雄蕊 6 枚，伸展，花药黄色。

F[果实为蒴果，种子细小、黑色]

蒴果，倒卵形，3 棱，成熟时 3 裂，种子有棱，黑色，具光泽。

虎杖

植物小档案

中文名：虎杖
别名：黄药子
学名：*Reynoutria japonica* Houtt.
英名：Chhoan chhit
科名：Polygonaceae 蓼科
花期：8 月 ~ 9 月
果期：9 月 ~ 11 月
原产地：东亚地区，分布在日本北海道西部
以南的地区、朝鲜半岛、中国江苏、江西、
山东、四川、台湾等地

虎杖非川七，易混淆

　　虎杖在中药上被称为酸杖或苦杖，坊间更有"川七"的俗称，正因为此，也很容易与俗称"皇宫菜"的落葵（川七）产生混淆，使用时不可不慎。虎杖为著名中药材，作为药用植物，民间有少量栽培。蓼科家族中最常见的，莫过于火炭母草。不同于虎杖，火炭母草嫩茎叶可食，以滚水氽烫后拌炒风味极佳，但由于略带酸味，敬谢不敏者大有人在，且一次不宜食用过多；原住民则有用食盐浸泡嫩茎叶，腌渍后食用的习俗。

223

拍摄地点：台 14 甲线梅峰

常见地点：在台湾地区分布于 1800 ~ 3800 米的山地，各中高海拔山峰都可看到它的踪迹

[虎杖为著名中药材]
虎杖的花其实是白色小花，通常被当作花瓣的部位，其实是包覆在果实外面的一层花被片。

高山公路上美丽的虎杖

台 14 甲线始于雾社，经过清境农场，一路爬上合欢山后，下滑至终点大禹岭，全长 41 公里，造就了海拔 3275 米的台湾公路最高点，这里也是台湾最美的高山公路。盛夏之后，秋天原野上的各种花草都赶着在初冬到来前结果，而高山林野却开始披上五彩斑斓的盛装，展开一连串华丽的盛会。随着公路蜿蜒直上，经过梅峰，就会看到山边开始有大量的虎杖盛开，且到处都有美丽的高山花草、秋芒在秋风里摇曳，美不胜收。

百变风情，秋天的信差

蓼科植物全世界约有 50 属，1120 种，主要分布于温带地区，有少数分布于热带地区。中国台湾有 10 属，约 60 种，虎杖为其中之一。

古籍记载，"杖"指的是茎，"虎"说的是斑，其茎有节如杖，所以称作虎杖。虎杖属于阳性物种，性喜阳光，大多生长于裸露地、崩塌地、公路两侧，甚至溪流河岸旁，从海拔 1800 米至 3800 米，台湾各处的高山上都可见到它的踪迹，南向及西南向的坡地尤为多见。

虎杖为多年生草本植物，每年 3、4 月自地表露出新芽，从幼株成长为灌木需历时多年，每株植株成长过程中差异性极大，灌木状，植株不高，但也能长到两三米。茎有节且中空，就像一支手杖，叶片略为三角形，构造与竹非常类似，但两者其实并没有任何关联。

虎杖是秋天的信差，常大片群生。随着季节更迭，8、9 月盛开的虎杖为秋天的高山带来一抹嫣红。虎杖雌雄异株，绿叶丛顶上开满由黄白色小花组成的带有淡粉红色花被的穗状花序，或许是因为太过成熟了，变得远看似乎有些枯萎不振，那些其实已经变成了成串的三角形瘦果。

A[其茎有节如杖，所以称作虎杖]
茎部具有紫红色斑点，是此植物的特色。茎粗壮、直立有细柔毛，株高可达 2 米，根粗厚，
木质。
B[生于坡地的阳性植物]
性喜阳光，多生长于裸露地、崩塌地或公路两旁，以南向及西南向坡地上最为多见。

C[8、9月为虎杖盛花期]

花序呈腋生的密集圆锥花序，形成自然界中红白相间的绚丽美景。

D[一地雄花落英]

雄花中有雄蕊8枚，花药甚短，而雌花被片具翅，花柱3枚，在开花后能增大并长出薄薄的膜状物。

E[每年9～10月，果实成熟]

果实呈三角形，外面包裹着增大的红色或粉红色花被，远观很容易误认为是粉红色花朵。

F[看似枯萎，其实是成串瘦果]

瘦果褐色至黑色，三棱，透明状。冬季来临前，果实成熟，随风飘散，植株亦逐渐枯萎，地下根则进入冬眠，等待翌年的生命周期。

一朝夕的醉人容颜

台湾芙蓉

植物小档案

中文名：台湾芙蓉
别名：山芙蓉（台湾地区）、狗头芙蓉
学名：*Hibiscus taiwanensis* S. Y. Hu
英名：Mountain Rose-mallow、Taiwan cotton-rose、Taiwan hibiscus
科名：Malvaceae 锦葵科
花期：9 月 ~ 12 月
果期：11 月 ~ 次年 1 月
原产地：中国台湾特有种 (Endemic Species of Taiwan)

美丽又实用的台湾芙蓉

朱槿对大众而言并不陌生，小时候你或许也有这样的记忆：把朱槿花的花蕊拔掉，然后吸吮花心的花蜜。台湾芙蓉同样如此！台湾芙蓉木色白且轻软，主干粗大者，过去常用来制作木屐；树皮富含纤维，亦可用于制作绳索。木槿属植物的花朵几乎都可食用，因富含黏液质，水煮易黏成糊状，可以选择炒食、凉拌或将花朵裹上面糊油炸，酥酥脆脆的别有风味。

拍摄地点：台东安朔

常见地点：台湾各处原野及海拔 1200 米以下的山区均有分布，在离岛兰屿也可见其芳踪

时序进入凉爽的秋季，万物开始秋收、冬藏，红叶的枫树为迎接冷冽的冬天到来而先行做好了落叶的准备。当春天、夏天的花朵在秋冬季节沉寂蛰伏，等待翌年来到之时，山野之中的台湾芙蓉仍不甘示弱地大放异彩。当满山翠绿即将褪为黄褐色之际，它却以满树鲜花朵的盎然生机面对着逐渐沉寂的大地。

一朝一夕的短暂容颜

锦葵科大约有 75 属，1000 ～ 1500 种，中国台湾有 49 属，分布于温带及热带地区。"芙蓉"一词泛指许多种类的植物，如木槿、朱槿，而朱槿也被称作"扶桑"，它们都是锦葵科的成员。历史记载，欧洲是五大洲里唯一没有发现任何原生种朱槿的地区，所以欧洲人在 17 世纪的航海时代初次接触到此种植物时，很自然地依据其花朵酷似玫瑰的外观来命名，这就是为什么其英文名 Taiwan cotton-rose 中含有玫瑰一词。

台湾芙蓉为台湾特有种植物，属名 *Hibiscus* 在希腊语中意思是锦葵类灌木，因常于农历九月霜降时期开花，将整座山头点缀得热闹非凡，因此又名"狗头芙蓉"——"狗头"为闽南语"九月初"的谐音。此花不畏风霜，所以也有人称之为"拒霜花"。

芙蓉花开虽娇柔美丽，奈何自古红颜多薄命，竟只有一个朝夕的美丽容颜。台湾芙蓉在清晨绽放时，先是呈现为鲜白色，然后转为粉红色，到了下午渐变成红色，甚至深红色，而后开始闭合凋谢；花色一日多变，因此人们也给了它"千面女郎"的美名，而"三醉芙蓉"则是世人对它的另一种完美的诠释。

秋冬季节盛开的台湾芙蓉，花朵大而美，极具庭园观赏价值。它也是台湾山林中最美的冬花，从海拔 1200 米以下至平地，到处都有它的踪迹。人们因其花朵的变化而深爱它，有趣的是，在早期，人们不清楚为何花朵颜色会一日多变，竟给了它"鬼花"这个名字，听起来格外有趣。

A

B

A[台湾特有的美丽植物]
台湾芙蓉属于阳性植物，落叶大灌木或小乔木，全株密生茸毛，株高 3～5 米。
B[花开花谢仅一个朝夕]
从花苞萌发到花朵初开、绽放，一直到完全瞬落，寿命仅有　天。

C
E
D
F

C[绽放的台湾芙蓉]
锦葵科植物的花冠中央可见这个科所独有的雄蕊特征，花柱 5 枚，基部相连，柱头头状，清
晨 8 点多花朵颜色较浅。

D[台湾芙蓉开花，一日多变]
花大，花冠浅钟形，直径可达 15 厘米；随着时间趋近正午，色泽转变更加明显，艳阳高照
下，台湾芙蓉花瓣会向后翻，犹如芭蕾舞裙。

E[芙蓉三醉，只在一朝一夕]
午后至傍晚花朵凋落前，颜色由白色转为粉红或紫红色，造物者非常巧妙地给了它一日多变
的容貌。

F[带茸毛的可爱种子]
枝头的果实十分醒目，里面有带茸毛的淡棕色种子，就像黄毛丫头般可爱。

猫尾草

植物小档案

中文名：猫尾草（台湾地区）
别名：狗尾草、狗尾带、狗尾射、狐狸尾、山猫尾、通天草、虎尾轮、大本山菁、牛春花、猫仔尾、猫尾草、兔尾草、土狗尾、牛春花、猫尾射
学名：*Uraria crinita* (L.) Desv. ex DC.
英名：Common cat's tail
科名：Leguminosae（Fabaceae）豆科
花期：4 月 ~ 9 月
果期：5 月 ~ 10 月
原产地：亚洲热带地区

运用最广泛的保健药草

　　猫尾草又称土狗尾，其根部是民间运用最广的药材之一，全年皆可采收，但据说以 8 月至 12 月间采收的药性最好。它不仅是很好的药用植物，也是健康食品，冬天用猫尾草根炖的"狗尾鸡"，可与姜母鸭一较高下。野外常可遇见猫尾草，人们通常会整株连根挖出，洗净后晒干，除了可以用于炖煮鸡肉或排骨，还可以炖"狗尾水鸡"（水鸡指田蛙）、"狗尾猪脚"。这些都是除虫健胃的食补佳肴，也是民间所谓的"团仔转骨"药方，其汤汁甘美，香气浓郁。

拍摄地点：彰化大城

常见地点：在台湾地区生于低海拔地区山坡灌木丛边或杂草丛中，包括台中、南投、嘉义、台南、高雄、屏东、台东干燥的荒地上。中部大肚山山区和南投山区有大量种植

[猫尾草花序，如孔雀开屏般展现出极致魅力]
花序上看起来毛茸茸的结构是小花梗，具有黏性，是日后保护果实的最佳帮手。

空气中弥漫着一种记忆，仿佛还能听见矮房的炉灶里柴火烧得噼啪作响，时而飘来袅袅炊烟，妈妈正拿着柴刀剁晒干的猫尾草，洗净后，取一把猫尾草草根和鸡肉一起炖上，不时还朝着屋外的野地呼唤："快回来吃饭！"

猫尾草属是豆科蝶形花亚科下的一个属，为多年生草本灌木，该属共有 35 种，分布于热带非洲、亚洲和澳大利亚，中国台湾则有 4 种。猫尾草属的属名 *Uraria* 由希腊文中的 oura（意思是"尾"）和拉丁文词尾 -aria（意思是"似"）组成，意指其花小而密集，形成状如猫尾或兔尾的长圆柱形花序。

猫尾草为多年生亚灌木，植株高度可达 1.5 米，其根部是民间运用最广的药材之一。根据《原色台湾药用植物图鉴》记载，猫尾草性温、味甘、无毒，主治小儿发育不良，具有健脾、利尿等功效，此外还有止咳润喉的功能。人们甚至用它煮水当茶饮，其味芳香、甘醇有如人参茶，因此也被誉为"台湾人参"。

春末秋初开花时，密集排列的小花由下而上依序绽放，总状花序上展开紫红色的大旗，就如同展示着华丽尾羽的孔雀一般，吸引了人们的目光。除了有艳丽的花朵之外，花序看起来还毛茸茸的，部分花序短而浑圆，颇似兔子的尾巴。但有些花序就长得比较长，常被称为"狗尾草"。民间常用来炖制"九尾鸡"的药材其实就是猫尾草的根部，闽南语所称的"九尾草"，可能来自"狗尾"的口误。

蝶形花冠向来以艳丽的旗瓣来吸引昆虫，而猫尾草紫红色的旗瓣上还贴心地为昆虫提供了降落标志，帮助昆虫快速获取报酬（花蜜）。但其花朵并不适合所有的授粉昆虫，只有身体大小及重量适合的授粉昆虫，才能顺利启动授粉弹射装置，使猫尾草贴心的小设计达到双赢的效果。

[猫尾草紫红色的旗瓣，为昆虫提供了降落标志]
多年生亚灌木，茎直立，株高可达 1.5 米，分枝少，被灰色短毛。

A[猫尾草的总状花序]
总状花序顶生，长 15 ～ 30 厘米或更长，粗壮，密被灰白色长硬毛，未授粉小花的花冠与花萼脱落后，留下的小花梗则担负起保护果实的责任。

B[紫色的蝶形花冠]
旗瓣宽大，翼瓣和龙骨瓣粘连，雄蕊二体，子房上位。

C[兔尾草种子脱落后的模样]
荚果具黏性，一般有 2 ～ 4 节，扭曲重叠，略被短毛；种子黑褐色，有光泽，人工栽培时以种子播种。

D[民间所谓的 "转骨秘方"]
老一辈人相传可以用猫尾草草根来替小孩 "转骨"：小孩子发育不良、长不大，可以用猫尾草草根炖排骨或鸡肉食用。

野棉花

植物小档案

中文名：野棉花
别名：三花双瓶梅、三轮草、台湾秋牡丹、白头
翁、葡萄叶银莲花
学名：*Anemone vitifolia* Buch.-Ham.
英名：Grape-leaf Anemone
科名：Ranunculaceae 毛茛科
花期：7 月～ 10 月
果期：9 月～ 11 月
原产地：中国大陆中南部及西南部、朝鲜半岛及
日本。

花界的古老家族

毛茛科是一个较古老的植物家族，全世界大约有 2000 种，每种形态不一，但都有漂亮美丽的花朵。许多知名的观赏花卉都是毛茛科植物，如花中之王牡丹，便是其中之一。一般乡野常见的则有禺毛茛，你见了可能会觉得眼熟，因为它长得和我们吃的芹菜非常相似。虽然俗称"水辣菜"的禺毛茛也可食用，但毛茛科中不少植物都有毒，不可多食，以免损害身体健康。

拍摄地点：台14甲线梅峰
常见地点：在台湾地区分布于海拔 1000 ~ 2800 米的路旁、林缘或阴湿空地

神话中的"风花"

银莲花属为毛茛科下的一个属，此属约有 120 种，广泛分布于世界各地，以亚洲和欧洲最为多见，中国大陆有 60 种，台湾地区有 4 种。银莲花属的拉丁属名 *Anemone* 来自希腊文 ancmos（意思是"风"）——因风催花绽开，给其生命，亦吹走花瓣，终结其生命，故有"风花"（wind flower）之称。在希腊神话中，美男子阿多尼斯（Adonis）是爱与美的女神阿弗洛狄忒的恋人，某次出猎时为阿弗洛狄忒从前的恋人、战神阿瑞斯（Ares）化身的野猪所伤而死，阿弗洛狄忒撒在阿多尼斯伤口上的蜜与与鲜血一起滴落在地上，变化成银莲花。

野棉花因瘦果上纤维状的棉绵毛似棉花而得名。其成熟的果实均密披白色绢毛，形似"老翁"，因而又名"小白头翁"。叶形颇似葡萄叶，因而又称"葡萄叶银莲花"。野棉花为风媒花，拥有一朵完全花的结构，萼片、花瓣、雄蕊以及雌蕊四个部分，都着生在花梗先端膨大的花托上。

A[野棉花又被称为小白头翁]
在中高海拔地区是路边相当常见的草本植物，株高 50～80 厘米，被白色刚毛。

B

C

B[圆滚滚的球形果实]
瘦果多数，聚集成球状，再过 1 ～ 2 天就会飞出许多白色毛絮。
C[白色的毛絮像长者的白发]
聚合果完全成熟时由内往外撑开，果实爆开后会有白色毛絮飞出，就像满头的白发。

碎石地上的优美舞者

蛛丝毛蓝耳草

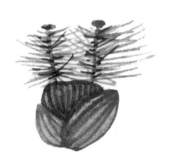

植物小档案

中文名：蛛丝毛蓝耳草
别名：紫背鹿衔草、鸭舌疝
学名：*Cyanotis arachnoidea* C. B. Clarke
科名：Commelinaceae 鸭跖草科
花期：5 月 ~ 11 月
果期：夏季 ~ 秋季
原产地：中国大陆南部及台湾地区、老挝、
越南、印度、斯里兰卡、越南等东南亚地区

美容保健之圣品

　　中国大陆南部称蛛丝毛蓝耳草为珍珠露水草、露水草、鸡冠参等，通常说的可从根部提取出一种活性物质（蜕皮激素）的露水草，也包括蛛丝毛蓝耳草。蜕皮激素于 20 世纪 70 年代由苏联加盟共和国乌兹别克的弗拉基米尔 N. 赛罗夫博士首次分离出来后，广泛用于养殖、保健、化妆品、医药行业。早期将其用在运动员身上，以刺激肌肉细胞蛋白合成的能力；运用于化妆品上，能增强细胞新陈代谢，其中具有活化的有效物质，可起到良好的去角质、去斑、增白的作用。

242

拍摄地点：南投奥万大森林游乐区
常见地点：在台湾地区分布于中南部中低海拔的沙滩地、碎石地或林缘

交通工具在这里并不受欢迎，假使妄想悠闲地坐在车上绕一圈隔窗观景，动物会傲慢地从身边经过，山林也会同样冷漠地收起自己的美丽。山林里有些独一无二、桀骜不驯的事物，隐藏着大地母亲的最后一点小任性；就连绵延横亘的峭壁也值得好好地瞻仰一番。低调的灰、瑰丽的蓝、生命的绿，这么多极致的色彩以一种狂放姿态共存于一个空间。造物主大手一挥，鲜花缀满林缘碎石地，到处散落着万年松、台湾马兰以及毛茸茸的优美舞者——蛛丝毛蓝耳草。

可爱的特殊外观

中国台湾最早的蛛丝毛蓝耳草标本是 1910 年由日本学者森丑之助在台中和平的白狗（姑）大山采集到的。蛛丝毛蓝耳草为蓝耳草属（*Cyanotis*，台湾地区旧称紫背鹿衔草属及石竹菜属）植物。属名由希腊文 Kyamos（意思是"蓝色"）和 ous（意思是"耳"）组合而成，意指该植物花瓣为蓝色且有耳状物，种加词 *arachnoidea* 则是"蛛丝状毛"的意思，形容植株有蛛丝状毛。该属共有约 30 种，分布于东半球热带地区。

蛛丝毛蓝耳草分布于东南亚地区，中国台湾在地理位置上为最北界，台湾地区早期称之为"鸭舌疝"。所谓的"疝"，按医学的解释，即组织或器官的一部分偏离原来的位置，通过间隙、缺损或薄弱部位进入另一位置。因蛛丝毛蓝耳草的花丝、花柱具有异乎寻常的膨大现象，故以"疝"名之。

本种为多年生匍匐草本，茎常为绿色与紫红色相间，所以也称"紫背鹿衔草"。造物主很神奇，给了它一个很特殊的外观。仔细观察花朵，膨大的花蕊顶端，还有念珠状的细长毛，看起来毛茸茸的，非常可爱。这也是鸭跖草科少见的特殊外观。

A[明显易辨识的叶鞘]
多年生匍匐性草本植物，茎常绿色与紫红色相间，有明显的节和节间、叶鞘。
B[常见于湿润的岩石上]
鸭跖草科成员性喜潮湿环境，常生长于林缘湿润的岩石和微湿的碎石地上。

C[近乎光秃的主茎]

主茎上的叶丛生，禾草状或带状，上面疏生蛛丝状毛至近无毛。

D[可爱的毛茸茸圆球]

花两性，花瓣 3 枚，蓝色，雄蕊 6 枚，辐射对称；花丝被蓝色蛛丝状毛，毛茸茸的非常可爱。

E[以疣为名的花蕊端部]

花蕊端部有念珠状细长毛；因其异乎寻常地膨大，故以"疣"名之。

F[为了让昆虫增加附着力而演化出特殊的造型]

花蕊顶着黄色花药，花瓣甚小，那些毛茸茸的细长毛，应是为了让昆虫增加附着力而演化出的。

常见于高山的绝美花材

玉山香青

植物小档案

中文名：玉山香青
别名：山荻、抱茎籁箫、白花香青、玉山抱
茎籁箫（台湾地区）
学名：*Anaphalis morrisonicola* Hayata
英名：Mount Yushan Pearleverlasting
科名：Compositae 菊科
花期：7月～10月
果期：10月～12月
原产地：中国大陆和台湾、印度、菲律宾

菊花茶的替代品

　　玉山香青的花及嫩叶可食，幼嫩叶片可炒食，花晒干后，可作冲泡菊花茶的替代品，不过目前高山地区都属于保护区，禁止采摘植物。中国最优质的药用菊花是菊科的杭白菊，主要产自浙江的桐乡。每年十月菊花盛放，是采菊制药的季节，干燥后的杭白菊，是中国出口的著名传统中药材"浙八味"之一。历史上曾有"杭白菊与龙井茶"并称之誉。而台湾杭菊产自苗栗县铜锣乡九湖村，自古以来用以冲泡菊花茶，被当作养生保健饮料。

拍摄地点：台中东势大雪山

常见地点：在台湾地区生长于高海拔 2200 ～ 3600 米的高山上，广泛分布于中高海拔向
阳处，道路两侧阳光充足的岩屑地亦常可见到

好长一段时间，大雪山就是我的后花园。海拔瞬间上升，让这里呈现出亚热带、温带到寒带的迷人森林景象。在十月之秋，怒放山头的自然是燎原的红叶，迷雾般的森林里，林道上铺满红叶，似乎在说你来得正巧。玉山假沙梨红通通的果实，吸引来许多鸟类，鸟儿们叽叽喳喳叫个不停。一旁斜坡上松针落了一地，所有烦恼在此刻都不值一提。随手拾起一颗球果，环顾四周，石壁上开满了玉山香青雪白的花朵。这种花的特别之处在于看起来像干花，触摸起来却不刺手，非常可爱。

耐贫瘠强风的向阳植物

香青是菊科的一个属，为多年生草本，该属共有约 110 种，主要集中在亚洲中部、东北部及南部，北美有少量分布，在中国台湾有 4 个种。香青属的拉丁属名 *Anaphalis*，由拉丁文 antenna（意思是"触须"）和词尾 -arin（意思是"似"）组成，意指该植物瘦果上的冠毛好像蝴蝶的触须。

在中高海拔林道边裸地陡坡上，常可见到易混淆的玉山香青与尼泊尔香青，它们都耐贫瘠、耐强风且具有向阳性。玉山香青叶表常为绿色，少茸毛；狭长披针形，叶端有小尖头，头状花序 5 至多数在茎端密集成伞房状。尼泊尔香青叶表呈白色，被茸毛，叶形为广卵形，叶端无尖头，花朵数少而花冠较大。

玉山香青又叫"白花香青"，为常见的多年生草本，在台湾仅见于高山寒带地区，是高山植物中仅占 15% 的菊科植物之一。每年 3 ~ 5 月抽芽，7 ~ 10 月开花，10 ~ 12 月果实成熟，接着进入冬枯状态。乍看之下，花朵有点像被烤干的干燥花。

生长在高海拔地区的玉山香青有着惊人的耐寒性，夏末至初秋时节，因日照时间缩短而逐渐停止生长，且随温度下降而自柔弱多汁的状态转变为含水量低、木质化的坚硬状态，植物体内的生长素含量水平也随之改变，这种过程我们称之为"低温健化"或"霜健化"。经过低温健化的植株可在随后冬天的低温下生存而不致冻死。待春天温度回升，休眠中的芽在历经冬天低温的考验之后，开始积累热量，达到临界值后开始萌发。

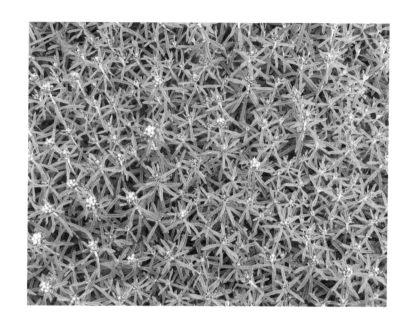

[高山上的小精灵]
玉山香青丛生, 翠绿的叶子外观形似低海拔常见的鼠曲草, 全株被灰白色绵毛, 基部木质化, 分枝斜倚状, 叶狭线形或长椭圆形。

A[小且繁复的白花]

伞房花序，长于枝条先端，头状花小且多数，直径约 0.8 厘米，白色或灰白色。

B[强韧的向阳植物]

喜阳植物，也是耐旱、耐贫瘠、耐强风但不耐荫的冬枯型植物。

C[仅见于台湾高山寒带地区]

多分布在西向及南向山坡上，在日照充足下的斜坡或岩壁上常可见它们成群生长，生命力强悍。

D[随气温改变的容颜]

夏末至初秋时节，因日照时间缩短而逐渐停止生长，并随温度下降而逐渐自柔弱多汁的状态转变为含水量低、木质化的坚硬状态。

E[美观亦可食用的花材]

进入果期前花朵逐渐自然干燥，很像杭菊，常被用作炮制菊花茶的替代材料。

荒野中耀眼的太阳

肿柄菊

植物小档案

中文名：肿柄菊
别名：五爪金英、假向日葵、大王葵、小向日葵、
提汤菊、树菊、肿柄菊、王爷葵（台湾地区）
学名：*Tithonia diversifolia* A. Gray
英名：Bolivian sunflower、Mexican sunflower、
Mexican tree marigold、Tithonia、Tree marigold、
Wild sunflower
科名：Compositae (Asteraceae) 菊科
花期：11 月～次年 1 月
果期：12 月～次年 2 月
原产地：墨西哥和中南美洲

制作青草茶的天然材料

　　肿柄菊全草味道极苦，其茎叶是台湾各地普遍使用的青草茶原料之一，同时也是市售的养肝茶、苦茶的重要组成成分。目前青草巷的店家有事先制好的苦茶茶包，可以买回去自己煎煮，有良好的解毒、解宿醉、治疗青春痘的作用，但服用不宜过量。

拍摄地点：南投仁爱乡
常见地点：在台湾地区分布于全岛海滨地带至海拔1000米的向阳处，平地至低海拔山
区的路旁或荒地

[外形酷似向日葵，被昵称假向日葵]
中央的管状花黄色，花柱细长伸出于花冠之外，柱头分叉且卷曲成心形，像极了
女性的发簪，模样相当可爱。

253

　　阵阵寒风吹起了一季萧瑟，席卷着落叶在天空中飞舞。荒烟蔓草，黄叶纷纷，在微冷的山风中漫步，金黄色的花海突然出现在眼帘，乍一看还以为是向日葵。其实这种花叫肿柄菊，是由南美洲引进的观赏野花，由于适应力强，台湾已经成了它的第二故乡。

曙光女神的情人

　　肿柄菊有"假向日葵"之称，但不同于夏季及冬季开花的向日葵，其花朵颜色更黄，在植物分类上也不同。肿柄菊属是菊科的一个属，该属共有 10 种，多为粗壮草本植物，分布于美洲，从墨西哥北部到巴拿马。拉丁属名 *Tithonia* 来自罗马神话中曙光女神所爱的情人 Tithonus 的名字。曙光女神欧若拉，也是希腊神话中每日清晨给大地带来光明的黎明女神。肿柄菊于 1908 年开始引起园艺界的重视，1910 年被引入中国台湾，现在广泛分布于热带及亚热带地区，包括墨西哥、中国广东、云南、台湾等地。肿柄菊在台湾地区被称作王爷葵，很容易让人误以为是锦葵科植物，其实，它有一个更形象的名字"五爪金英"——金英是形容其花色，五爪则指其掌状深裂的叶片，仔细瞧瞧，是不是名副其实?

A[根茎粗壮的肿柄菊]
一年生草本，株高可达 3 米，茎直立，有粗壮的分枝。全株被细毛。

B

C

D

B[更贴切的别名]

在台湾地区称为五爷葵，很容易让人误以为是锦葵科植物，其实，它有一个更形象的名字——五爪金英。

C[属名来自罗马神话中曙光女神的情人 Tithonus 的名字]

秋末一直到冬季，野外肿柄菊到处蔓生，很容易吸引人们的注意。

D[立冬前后开花，花朵硕大]

鲜艳的金黄色花朵，盛开时热情奔放，富含丰富花粉，常吸引许多昆虫前来。花朵具有长花梗，也可以当作花材，为居室增添几分热情。

Volume 05 —— 冬

驱邪避秽的吉祥植物

芙蓉菊

植物小档案

中文名：芙蓉菊

别名：千年艾、海芙蓉、玉芙蓉、白艾、白芙
蓉、白香菊、芙蓉、蕲艾（台湾地区）

学名：*Crossostephium chinense* (L.) Makino

英名：Chinese crossostephium

科名：Compositae 菊科

花期：11 月~次年 1 月

果期：12 月~次年 2 月

原产地：中国大陆和台湾，菲律宾、日本

生长于险地的夺命芙蓉

　　芙蓉菊生长在珊瑚礁岩上，曾经有不少人冒险攀岩摘取回来泡制药
酒，由于采摘过程极度危险，经常有人失足殒命，因此此芙蓉菊也被称为"夺
命芙蓉"。过去民间经常食用芙蓉菊的嫩茎叶，这种苦味菜也是野外求
生的重要野菜。用加盐的沸水汆烫，或是直接加盐搓揉或在盐水中浸泡
10 ~ 15 分钟，去除苦味，然后可以切成小段或小丁直接炒食，也可以混
合辣椒丁、豆干丁、豆豉等素炒，或加入肉丁、蒜泥等荤炒，或与地瓜、
小鱼干等一同煮食。

拍摄地点：东北角石门、宜兰头城

常见地点：在台湾地区分布于沿海、北部、兰屿、绿岛海滨，或庭园栽植

[安定人心的力量]

收惊、净身以芙蓉菊为先，探病、吊丧则以抹草傍身。虽然科学上无法证实，但那浓郁的香味却能神奇地安定人们的心灵。

带有浓郁芳香的一抹灰绿

如果有人问我们叶子是什么颜色，通常我们直觉的答案就是绿色，再联想一下，则是随季节变化的黄色或红色。然而在植物世界里，有种植物的叶子却是灰白色，带着一抹淡淡的绿，还有浓郁的芳香——或许你已经猜到了，这就是芙蓉菊，台湾地区称之为"蕲艾"。蕲艾这个名字听起来很陌生，但只要提到"艾草"，就会让人想起每年端午节前后，依照民俗传统，市场上贩售的用于驱虫、辟邪的一束束青草。在这一束束青草中，有熟悉的艾草，也有较陌生的菖蒲。

祖先的生活智慧

芙蓉菊的外观与家族其他成员相近，但仔细看，其叶片较薄且小，下表面密布茸毛，因而呈现出灰白色或灰绿色，这也是芙蓉菊的最大特征。芙蓉菊属的拉丁属名 *Crossostephium*，由希腊文 Krossos（意"须边"）和 stephos（意"花圈"）组成，意指其像花圈一样的果实丛中的瘦果上端有宿存副花冠的须边。中国台湾仅此 1 种，全世界有 4 种，分布于中亚、东亚、菲律宾及美国加利福尼亚。

芙蓉菊为中国台湾原生种植物，属于多年生亚灌木，在台湾主要分布于北部沿海、兰屿、绿岛海滨地区，在各地郊野的路旁、草地间也相当常见。芙蓉菊在生长初期，外观与菊花十分相似，但其植株呈灰白色或灰绿色，很容易分辨。茎及枝条纤细，并具有较多分枝。植物全株具有特殊芳香，中医针灸经常使用的灸药，便是将芙蓉菊洗净、晾干，再捣烂成艾绒制成的。

老一辈人相信，将芙蓉菊插在头发上可以祛除发垢。同时民间也认为这种植物具有驱邪避秽的作用，每当家里有小孩或是大人感到不舒服时，用几枝叶片加水煮开制成"芙蓉水"，用于洗污除秽，可起到安神定心的效果。

芙蓉菊植株可高达 60 厘米，全株被灰白色短毛，具有强烈的香气。冬季开花，头状花序呈总状排列；总苞半球形，密被茸毛；边花雌性，黄色的小花在灰白色的叶片衬托下相当可爱。按传统习俗，人们常将芙蓉菊栽植在自家庭院中。如今很多人认为栽植芙蓉菊仅只是为了观赏，用其驱虫、辟邪的民俗只是迷信，但当我们深入了解芙蓉菊某些更深层的实用性后，或许就能理解祖先们的智慧了。

[驱邪避秽的植物]
叶聚生枝顶,全缘或 3 ~ 5 裂,外观与菊花十分相似,不同的是,芙蓉菊的叶片比较薄且小,
下表面密布茸毛,呈灰白色或灰绿色。

A[芙蓉菊为中国台湾原生种植物]
芙蓉菊的幼嫩茎叶是民间经常取用的食材与野外求生的重要野菜，为苦味菜的一种。

B[芙蓉菊的黄色花朵]
头状花顶生，球形，直径约 0.7 厘米，单生或排成黄色总状花序。

C[带有浓郁的香味是其最大特色]
花序外围边花数少于中央心花数，花萼冠毛状；边花雌性，花冠管状，顶端 2 ~ 3 齿裂。

D[生于险境的"夺命芙蓉"]
芙蓉菊常生长在悬崖峭壁上，又称为海芙蓉。据说其根部可以治风湿，马祖民众经常用来浸
泡高粱酒，制作成药酒。

E[芙蓉菊的果实]
瘦果，具 5 凸棱，顶端具有撕裂状的冠状冠毛；干燥后的瘦果很像干燥花。

毛束草

植物小档案

中文名：毛束草

别名：碧果草、假酸浆（台湾地区）

学名：*Trichodesma calycosum* Coll. et Hemsl.

英名：Khasya trichodesma

科名：Boraginaceae 紫草科

花期：11 月～次年 3 月

果期：12 月～次年 4 月

原产地：中国台湾、云南、贵州等地，以及
印度锡金、泰国、老挝、缅甸

野菜火锅的最佳主角

　　毛束草的花萼是高级花材，而叶片则是台湾先住民的美食之一。近年来东部流行野菜养生风，甚至出现了产业中心来为北部餐厅供应时令野菜。这些有机"野菜"不是靠人工栽培的，而是地道的"野味"。这些野味包括巢蕨、山芹、昭和草、野茼蒿、龙葵、食用双盖蕨，还有这里说到的毛束草。

拍摄地点：屏东旭海

常见地点：在台湾地区，生于中南部低海拔山坡林缘、树丛、路旁及原野上

[从花到叶都具有极高的经济价值]

假酸浆花冠钟状或高脚碟状，颜色多样，有白色、黄色、粉红色至淡蓝色；萼片与花瓣同数；花瓣先端卷曲，活像个小太阳。

清晨的海岸，树影婆娑，"南田听海"蔚为一景，海浪撞击大小石头，声如洪钟。从南田到旭海，是充满神秘气息的阿塱壹古道，沿线有陡坡、碎石坡、海岸，呈现出既粗犷又原始、未经人工斧凿的自然美。路线就在岩石堆里钻来钻去、跳上跳下，没有碍眼的车水马龙，只有海天一色令人目眩，还有惊涛裂岸以及那花形奇特、萼片硕大的毛束草令人神迷。

经久不凋的天然干花

紫草科包括 100 余属，共 2000 多种，包括木本、草本、乔木及灌木，广泛分布在世界各地。毛束草属约有 40 种，主要分布在非洲、亚洲和澳大利亚的热带和亚热带地区，中国台湾仅产 1 种。毛束草拉丁属名 *Trichodesma*，由希腊文 trichos（意"毛"）和 desma（意"带"）组成，意指该植物的果实具有带倒钩的刚毛形成的带状结构。

台湾地区称毛束草为假酸浆。"酸浆"是一种特殊的民俗植物，不仅在古代医学典籍常被提到，如今在各国也被视为有特定用处的药草。酸浆泛指许多种植物，如苦蘵和秘鲁苦蘵，这两种植物都属于茄科植物，它们的共同特征就是果实可食，俗称灯笼果，成熟的果实是亮黄色的，非常香甜可口。此外还有一种茄科假酸浆属的假酸浆。

毛束草为一年生或多年生亚灌木，植株高度可达 2.5 米。毛束草同样是重要的民俗植物和日常食用的野菜，台湾先住民采毛束草嫩叶生食或煮食，有时也用来包裹食物。其灯笼状的宿存花萼如星形，干燥后如同天然干花，久藏不凋，为坊间常用的高级插花花材。

排湾族和鲁凯族有一种传统美食，不论外形和口感都跟汉族所吃的肉粽相似，称为"阿拜"（abay），即小米糕的意思。当小米收割时，族人会庆祝丰收，同时要准备"阿拜"来祭拜祖先。"阿拜"是各种节庆时必须制作的食物，里面包裹的食料主要为小米和猪肉。和一般肉粽不同的是，"阿拜"的食料要先用毛束草包好，外面再以艳山姜叶包裹，煮熟后连同毛束草叶一起吃，据说有助于消化。

A

B

A[毛束草茂盛的植株]
毛束草植株可高达 2.5 米，有多数分枝，小枝略呈四棱形，叶片上有倒伏的粗毛。
B[灯笼状的花萼]
圆锥状聚伞花序顶生，具有长长的花序轴，花序可长达 25 厘米，花朵向下展开。

266

C

E

D

C[花形奇特的毛束草]
花冠阔圆筒形，深 5 裂，雄蕊 5 枚，着生于花冠筒下部，花药细长，花柱丝状，柱头球形。
D[常作为野菜火锅的配菜]
毛束草属的拉丁属名在希腊语中为具毛之意，另一说法是因为雄蕊花药背面有毛束而得名。
E[常见的干燥花材]
花形奇特，萼片特大，让人分不清是花是萼，灯笼状的宿存萼，干燥后如同天然干花，久藏
不凋，为高级插花花材。

充满异国风味的保健蔬菜
台湾蜂斗菜

植物小档案

中文名：台湾蜂斗菜
别名：台湾款冬、山菊、毛裂蜂斗菜
学名：*Petasites formosanus* Kitam.
科名：Compositae 菊科
花期：1 月～5 月
果期：5 月～9 月
原产地：台湾地区特有种 (Endemic Species of Taiwan)

全株可食的保健蔬菜

　　台湾蜂斗菜的嫩叶、叶柄和嫩花茎皆可食用。同属的蜂斗菜（*P. japonicus*）原产于中国、日本、韩国一带，叶梗被当作蔬菜食用；目前在中国台湾大雪山有零星种植，在阿里山也有较大规模的种植，是当地的特色风味菜。蜂斗菜是有名的保健蔬菜，各地有不同的叫法，日本人称它为"山蕗"，在很多日本传统料理中都有它的身影，日本爱知县是其主要产地之一。然而，蜂斗菜本身具有一定的毒性，因此食用前必须先经过浸泡，而且不宜多食。

拍摄地点：南湖大山 710 林道

常见地点：在台湾分布于海拔 1500 ～ 3000 米的山区，性喜潮湿之地。

[数大便是美]

头状花序由多数管状花组成，虽然没有山菊那般鲜黄亮眼，但细致的小白花却能以数量取胜，让人远远就瞧见它们的身影。

冬日清晨五点时分，玻璃窗外的薄雾凝结成了小水滴。天空清澈，在台湾岛东北方那片寂静的普鲁士蓝上，还能见到那颗最亮的星。曙光乍现，中高海拔上阳光出现，但冷冽的风划过脸颊，让人不禁从心里打了个寒颤。710 林道上，铺满昨夜留下的霜；霭霭白霜披覆在各种植物身上，让人恍若置身于美不胜收的异国情境之中。台湾蜂斗菜、山犄牛儿苗，还有那些常见的中高海拔植物，披上一层凝结的白霜之后，竟让人产生了认不出谁是谁的错觉。

1895 年 7 月，日本殖民统治时期，日本人开始对台湾进行测量，并发现玉山的高度超越了日本的第一高峰富士山。因此明治天皇下诏将玉山更名为"新高山"，并且在山顶上设立神社"新高祠"。1906 年日本植物学家川上泷弥与森丑之助选在 10 月～11 月，依循过去的路线到达阿里山、玉山一带再次进行采集研究，共采集到 71 种特有种植物，包括在玉山海拔 2400 米处采集到的"台湾蜂斗菜"。

蜂斗菜属是菊科的一个属，该属共有约 20 种，分布于欧亚大陆和北美洲温带地区，中国台湾仅产一种。拉丁属名 *Petasites* 由希腊文 Petasos（意为"太阳帽"）和词尾 -ites（意为"属于"）组成，意指该植物的叶子很大，可当作太阳帽。因冬至也能开花，台湾地区称之为"款冬"。

台湾蜂斗菜为多年生草本植物，严寒时期，即使在冰冻的地面上也能冒出来。这种植物雌雄异株，一般雄株所占的比例较高，雄株低矮，高度仅达 40 厘米，雌株则可高达 70 厘米。叶基生，心形、肾形或掌状裂，乍看很像"山菊"，因此也有山菊的别称。

多数菊科植物的花朵中，舌状花瓣大而明显，然而台湾蜂斗菜的花朵却不同于家族的其他成员。雄株心花为雄花，少数具有雌性边花，为不可育花。而雌株的头状花序由管状、不规则两裂或是舌状的雌性小花组成，簇拥的细长花柱伸出花冠筒外，极为壮观。

A[蜂斗菜的另一种姿态]
在夜晚的冷霜覆盖下，披上了一袭白色衣裳的蜂斗菜，竟让人产生错觉，认不出它来。
B[蜂斗菜是有名的保健蔬菜]
中高海拔山区之路旁、阴湿地或林下幽暗处，粉扑似的粉紫色花茎目叶丛中伸出。

C[雄株头状花序中的心花为雄花]
花从白色、粉红色一直到紫红色都有，在中海拔地区是冬天极佳的蜜源植物。头状花序排列
的形态多样，雄株花序中的边花仅具有雄性功能，雌花不育。
D[全株可食的台湾蜂斗菜]
植株嫩叶、叶柄和嫩花茎皆可食用。

淡雅娟秀的台湾特有种

五叶黄连

植物小档案

中文名：五叶黄连
别名：五加叶黄莲、台湾黄莲、掌叶黄连
学名：*Coptis quinquefolia* Miq.
科名：Ranunculaceae 毛茛科
花期：1 月～5 月
果期：4 月～5 月
原产地：中国台湾、日本

"苦"其心志，常入中药

俗话说："哑巴吃黄连，有苦说不出"。同为毛茛科黄连属的黄连（*C. chinensis.*）是多年生草本植物，喜冷凉、湿润之处。黄连根入药，味极苦。天气炎热时，很多民众发现脸上痘痘变多，爱美的人常上网找些消痘良方，黄连解毒丸便是其中一种被口耳相传的药方。黄连解毒丸为清热的药方，体热者吃了会消火，但体虚者吃多了反而会手脚冰冷、头晕、倦怠。

拍摄地点：太平山山毛榉步道

常见地点：在台湾地区中北部中海拔山区森林潮湿地上可见

[花萼非花，但一样美丽]

白色的花冠其实是花萼，那圆盘状形似黄色蜜杯的，才是真正的花瓣。淡雅娟秀的花朵相当迷人。

诗意的人喜欢秋天的金黄灿烂。冬天带着一股苍凉的颜色，叶落枝枯，白色浓雾覆盖了一季枯枝，再过不久这些枯木会在春天到来时竞相萌芽。冷冽的风夹着绵绵细雨，蜘蛛网拦截了雨滴，形成一张美丽的网，雄伟壮丽的板岩岩壁如千层叠嶂一般矗立在前，步道上铺满翠绿的苔藓，野花开始探出头看这世界。台湾胡麻花预告着春天即将到来，一旁淡雅娟秀的五叶黄连似乎也跟着热闹了起来。

根茎呈连珠状而色黄，因而得名

黄连属为毛茛科的一个属，仅有 16 种，分布在北半球温带地区，在中国大陆有 6 种，台湾仅有五叶黄连 1 种。黄连属的拉丁属名 *Coptis*，源于希腊文 kopto（意为"切开"），意指该植物的叶深裂，如切开的样子。五叶黄连的模式标本由日籍林学博士金平亮三在 1924 年 7 月于宜兰思源哑口一带采集到。

"黄连"是一种常用中药，古代医学典籍中记载："因其根茎呈连珠状而色黄"，所以称之为黄连。五叶黄连名字的由来，一看就知道与它的叶片有关：基生的叶呈掌状深裂，裂片 5（各裂片再 3 裂或多片浅裂），具尖凸锯齿缘，可说是以外形而命名。五叶黄连虽然有黄连之名，但其地下茎粗短，与中医所说的黄连不尽相同，顶多只是亲戚罢了。中药材上所用的黄连根茎来自三角叶黄连或云连，产自中国大陆四川、湖北、云南、贵州等地。

五叶黄连为台湾原生种多年生草本植物，原产于中国台湾及日本。在台湾主要分布于中北部中海拔地区，尤以太平山、鸳鸯湖等东北部中海拔山区较为常见，性喜生长于潮湿的林道旁或林下草丛内。小小的草本植物，叶掌状深裂，不开花时很不起眼，一旦开花，伸出长长的花梗，白色小花在林荫下也显得很耀眼。

五叶黄连花冠白色，不过那看似白色花瓣的部位可不是花瓣，而是它的"瓣化花萼"。通常花萼 5 枚，偶可见 6 枚，呈椭圆形或倒卵状椭圆形，先端圆钝。而真正的花瓣也是 5～6 枚，比花萼短，匙形细短，特化成黄色蜜杯状，模样完全不像典型的花瓣。花瓣具柄，与基部相连。雄雌蕊多数，雌蕊也具柄，心皮绿色，花谢结果时，可见轮生状具柄的蓇葖果。

A[五叶黄连为台湾原生种]
多年生草本，性喜生长在山坡边上，株高 5 ~ 10 厘米，根茎及须根黄色。

B[惹人怜爱的清秀佳人]
根生叶丛生，叶柄长 5 ~ 13 厘米，细长光滑。叶掌状深裂，顶生裂片菱形，3 片或多片浅裂，裂片具尖凸锯齿缘，两面光滑。

C[花冠其实是瓣化的花萼]
花两性，白色；萼片 5 或 6，瓣化。

D[真正的花瓣也是 5 ~ 6 枚，比花萼短]
花瓣 5 枚，匙形，甚小具柄，状如黄色蜜杯，雄蕊多数，心皮多数，具柄。

叶形美又耐荫的林下木之王
多室八角金盘

植物小档案

中文名：多室八角金盘
别名：八角金盘、台湾八角金盘
学名：*Fatsia polycarpa* Hay.
英名：Taiwan diplofatsia
科名：Araliaceae 五加科
花期：10 月~ 12 月
果期：1 月~ 4 月
原产地：中国台湾特有种（Endemic
Species of Taiwan）

天然的手作材料

　　五加科成员中最有名的就是通脱木（台湾地区称为蓪草），新竹地区的蓪草纸更是打响了国际名号。通脱木的茎干具有海绵状髓心，可刨制成雪白细滑的薄片，这种薄片就是我们所说的"蓪草纸"。蓪草纸自古即为人造花的好材料，制作蓪草纸需以"草刀"裁切，裁剪之前，还要用湿巾沾湿蓪草。蓪草纸是画画和制作纸花的天然素材，手工染色后做成的花朵栩栩如生。

拍摄地点：台七甲线思源哑口

常见地点：台湾低至中海拔约 500 ~ 2200 米之阔叶林内，阴湿地较为常见，有时也呈
小群落生长

[因掌状叶片看似八个角而得名]
多室八角金盘花朵很"团结"，一枝花序里绝不会有单朵花先行绽放，因此在开
花之际整个花序犹如冬季绽放的烟花般四起。

冬日，遇见八角金盘

海拔 1948 米高处，冬日似寒夜一般；东北季风沿着狭长的兰阳溪谷地形抬升，魔法般将林下边缘披上了一层白霜。清新冷冽的空气，仿佛有一种力量，可以沉淀心灵，让人忘却烦忧。这是一种纯净而坚定的信念，而这种景象，如一期一会般，也是这个季节限量版的绝美景致，深深烙印在人的心里。潺潺流水及风声划破天际，多室八角金盘的叶子在风中舞动，似乎在挥着手热情邀约："请跟我来！"

繁花似锦的林下木之王

五加科植物共有 52 属，900 多种，包括乔木、灌木和藤本，只有少数种为多年生草本植物。八角金盘属的拉丁属名 *Fatsia*，源于这种植物的日语名称的拉丁化。种加词 *polycarpa* 为"多果"之意，因而被命名为多室八角金盘。本属植物仅 2 种，一种原产于日本，另一种为本种，产于中国台湾。模式标本由川上泷弥和森丑之助于 1906 年 11 月采于台湾玉山海拔 2250 米处。

古籍记载："八角金盘，苦、辛温、毒烈，治麻痹疯毒，打扑瘀血停积；树高二三尺，叶如臭梧桐而八角，秋开白花细簇，取近根皮用。"一说八角金盘因掌状叶片看似八个角而得名。叶丛四季油光青翠，叶片像一只只绿色的手掌，一眼看去很像野地里的木瓜树，但却不结木瓜，与五加科另一成员通脱木也相当神似，尤其是在中海拔地带常有混生现象。

多室八角金盘分布于中高海拔针阔叶混合林之中，喜欢阴暗潮湿的环境；为常绿小乔木，掌状叶极大，有 5 ～ 7 个深裂，叶柄很长，几乎与叶片等长，因此起风时摇曳生姿，观赏价值极高，这也正是它的特色之一。在日本，八角金盘因为叶形美，繁花似锦，耐荫性强，而被尊为日本庭院的"林下木之王"。

每年秋季至冬季，从树顶开出白色的圆锥花序，花梗很长，密生黄色的茸毛。每一伞形花序有花约 20 朵，花小而多，开花之际犹如烟花四起。花谢后结出核果，果径小，未成熟的果实下绿上白，花柱残存在顶端，像扎着冲天辫的小娃儿。

A

B

A[喜阴湿的常绿小乔木]
小乔木或大灌木，高可达 5 米；幼枝有棕色长茸毛，后渐脱落至无毛。
B[叶形美且耐荫]
叶丛生丁枝端，具长柄，叶片人，圆形，直径 15 ～ 30 厘米，掌状 5 ～ 8 深裂，很像手掌。

C[模样可爱的花朵]

圆锥花序，顶生，长可达 30 ～ 40 厘米，基部分枝长，密生黄色茸毛。

D[伞形花序，有花约 20 朵]

花淡黄色，总花梗长 1.5 厘米，开花时花瓣反卷，雄蕊 5，花丝线形。

E[隐藏在花序中的小心机]

一团团的小花序中，每一朵花都保留着一定的生长空间，如此一来也增大了整个花序的面积，可以吸引来更多昆虫。

F[外形酷似木瓜树]

在中低海拔山区常见一种外形酷似木瓜树的灌木，可能就是多室八角金盘，其果实为小核果，球形，直径约 0.3 ～ 0.4 厘米。

图书在版编目（CIP）数据

原来野花这么美 /叶子著. — 北京：东方出版社，2018.4
ISBN 978-7-5207-0066-5

Ⅰ.①原…　Ⅱ.①叶…　Ⅲ.①野生植物—花卉—台湾—通俗读物

Ⅳ.①TU986.2-49

中国版本图书馆CIP数据核字（2017）第316475号

原来野花这么美
（YUANLAI YEHUA ZHEME MEI）

作　　者：叶　子
出　　版：东方出版社
发　　行：人民东方出版传媒有限公司
地　　址：北京市东城区东四十条113号
邮政编码：100007
印　　刷：小森印刷（北京）有限公司
版　　次：2018年4月第1版
印　　次：2018年4月第1次印刷
开　　本：880毫米×1230毫米　1/32
印　　张：9
书　　号：ISBN 978-7-5207-0066-5
定　　价：68.00元
发行电话：（010）85924663　85924644　85924641